国外军用飞机的发展及其技术

马高山　韩非非　编著

北京航空航天大学出版社

内 容 简 介

本书以国外军用飞机的发展为主线，采用叙事性和总结性相结合的手法，在让读者初步了解飞机的构造及组成、飞机的诞生和军用飞机分类的基础上，阐述了第一次世界大战时期、第二次世界大战时期、冷战时期国外各类军用飞机的发展，以及当代军用飞机的技术现状。通过时间脉络和分类整理并结合各时期军用飞机的设计与发展，对航空相关的专业技术知识进行了梳理和解读。全书共5章，分别介绍了飞机的诞生及军用飞机的分类，第一次世界大战时期、第二次世界大战时期、冷战时期国外军用飞机的发展历程，现代军用飞机的技术现状等方面的内容。另外，书末还附有国外军用飞机图鉴，以方便读者直观了解和对比各类和各时期的军用飞机。

本书可作为高等院校航空类专业的本专科教材和教辅，可供部队、民航、工厂以及科研院所的相关专业人员参考，也可作为航空爱好者、军事爱好者的参考书和喜爱航空的中小学生的课外读物。

图书在版编目(CIP)数据

国外军用飞机的发展及其技术 / 马高山，韩非非编著. -- 北京 ：北京航空航天大学出版社，2023.5

ISBN 978-7-5124-4013-5

Ⅰ. ①国… Ⅱ. ①马… ②韩… Ⅲ. ①军用飞机—发展史—世界 Ⅳ. ①E926.3-091

中国国家版本馆 CIP 数据核字(2023)第 018567 号

国外军用飞机的发展及其技术

马高山　韩非非　编著

策划编辑　龚　雪　　责任编辑　王　瑛　杜友茹　张冀青

*

北京航空航天大学出版社出版发行

北京市海淀区学院路 37 号(邮编 100191)　http://www.buaapress.com.cn

发行部电话：(010)82317024　传真：(010)82328026

读者信箱：goodtextbook@126.com　邮购电话：(010)82316936

北京富资园科技发展有限公司印装　各地书店经销

*

开本：787×1 092　1/16　印张：11.25　字数：288 千字

2023 年 8 月第 1 版　2023 年 8 月第 1 次印刷　印数：1 000 册

ISBN 978-7-5124-4013-5　定价：49.00 元

前 言

自1903年莱特兄弟发明飞机之后，飞机逐渐改变和影响着人类生活的方方面面。飞机在军事方面的应用，使人们认识到了飞机在军事上的重大价值。于是军用飞机从无到有，由弱变强，给战争带来了革命性的变化，战争也由平面走向立体，空间作战也成为战争的重要领域。军用飞机通过第一次世界大战、第二次世界大战和冷战时期的各局部战争，证明了其在战争中的价值，形成了现代立体作战的模式，是现代战争中不可或缺的军事装备。同样，军用飞机在非战争军事行动中，如灾害救援、人道主义援助等，也发挥着巨大作用。

本书以军用飞机为中心，以其发展技术为支撑，以其发展历史为轴线，阐述了飞机从诞生到成熟，军用飞机从无到有，第一次世界大战(以下简称“一战”)、第二次世界大战(以下简称“二战”)、冷战等时期军用飞机的快速发展和现代军用飞机的技术现状。本书以叙事性手法编写，以浅显的语言将枯燥的原理十分自然地呈现出来，兼具理论性和科普性。本书内容活泼，富趣味性，除了阐述国外军用飞机的总体发展情况之外，还对部分相关背景、历史、知识、趣事等进行专门的介绍。另外，本书作者的航空专业背景扎实，知识涉猎面广，本书内容除了涵盖各个时期、各种类型的军用飞机之外，还在极富故事性的叙述中对一些航空专业知识、航空相关的历史、航空军事等内容进行了总结和论述。

作者在撰写本书的过程中，参考了国内外相关文献资料，在此谨对其原作者表示衷心的感谢。本书的出版还得到了国家一流本科课程“航空概论”、河南省教育厅省级一流本科课程“航空概论”以及郑州航空工业管理学院校级在线开放课程“飞机结构与系统”的经费资助，在此表示真挚的谢意。“航空概论”和“飞机结构与系统”课程是郑州航空工业管理学院极具航空特色的选修课程，本书也是“航空概论”和“飞机结构与系统”课程建设中非常重要的一项成果。同时，本书也可作为该两门课程的教辅参考书。

由于作者水平有限，书中难免存在纰漏与不当之处，恳请广大读者批评指正。

作 者

2023年5月

目　录

第1章 认识飞机

飞机是一种最主要的、应用范围最广的航空器。航空器是在地球大气层内飞行的飞行器的统称，靠空气的静浮力或靠与空气相对运动产生的升力升空飞行。任何航空器都需要产生升力以克服自身重力才能升空飞行。根据升力产生的基本原理的不同，航空器可分为两大类，一类是靠空气静浮力升空飞行的航空器(通常称为轻于同体积空气的航空器)，又称浮空器；另一类是靠与空气相对运动产生升力升空飞行的航空器(通常称为重于同体积空气的航空器)。轻于空气的航空器靠空气的静力(浮力)升空，包括气球和飞艇，是早期出现的航空器。重于空气的航空器靠自身与空气相对运动产生的空气动力或靠发动机喷射工质产生的反作用力升空飞行，常见的这类航空器主要包括固定翼航空器和旋翼航空器两类。固定翼航空器包括飞机和滑翔机，由固定的机翼产生升力。旋翼航空器包括直升机和旋翼机，由旋转的旋翼产生升力和前进力。除了上述常见的两类航空器之外，还有由其他方法升空飞行的航空器，如扑翼机、倾转旋翼机等。

飞机是指由动力装置产生前进的推力或拉力、由固定机翼产生升力、在大气层内可操纵飞行的重于空气的航空器。它是最主要的、应用范围最广的航空器。按发动机种类的不同，飞机有螺旋桨飞机和喷气式飞机；按用途的不同又可分为军用飞机和民用飞机两大类。军用飞机是指按各种军事用途设计的飞机，而民用飞机则是泛指一切非军事用途的飞机。

1.1 飞机的构造及组成

不同用途的飞机形状各异，但它们的机体构造基本相同或相近，主要由机身、机翼、尾翼、起落架等5大主要部件组成(如图1-1所示)。这些部件具有不同的功用，各自承担着各自的任务。

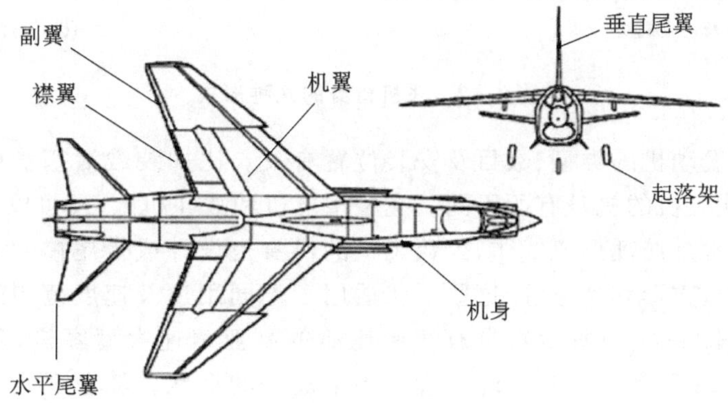

图1-1 飞机机体的组成

1.1.1 机　身

机身处于飞机的中央，主要用于容纳人员、货物或其他载重和设备。此外，机身作为其他部件的连接基础，用于承载其他部件传递的载荷，并将其他部件有机地形成一个整体的结构。

飞机机身的形式一般有机身型、船身型和短舱型等3种类型。机身型（如图1－2(a)所示）是陆上飞机的机体，水上飞机机体一般采用船身型（如图1－2(b)所示），而短舱型则是没有尾翼的机体，包括双机身（如图1－2(c)所示）和双尾撑（如图1－2(d)所示）两种形式。另外，二战中还有一种侦察机BV－141（如图1－3所示），介于双机身和双尾撑形式之间，它的一侧机身有座舱，另一侧机身则连接尾翼，这种不对称布局在飞机中很少见。

(a) 机身型

(b) 船身型

(c) 双机身

(d) 双尾撑

图1－2　飞机机身的几种形式

机身的外形和发动机的类型、数目及安装位置有关。比如装载活塞发动机的螺旋桨飞机的机身，就与喷气式飞机的机身有所不同。在轻型飞机和战斗机上，还可以把发动机装在机身内。机身的外形通常是纺锤形流线体，少数飞机的机身也设计成带尾撑的。常用的机身剖面形状有圆形、椭圆形、方形和梯形等，这些形状适用于不同用途及速度范围的飞机，比如，低速飞机可用方形（如图1－4(a)所示）；具有气密座舱的高亚声速大型客机，多用圆形或椭圆形（如图1－4(b)所示）；而喷气式战斗机一般采用不规则的形状。随着现代航空技术的进步以及新的飞行动力理论的应用，飞机机身的外形也呈现千姿百态，如隐身战斗机所使用的机翼和机身融为一体的翼身融合体（如图1－4(c)所示）；没有机身和尾翼的飞翼式（如图1－4(d)所示）；以汽车作为机身的汽车飞机等。

图 1-3　不对称布局的 BV-141 侦察机

(a) 方形机身

(b) 圆形机身

(c) 翼身融合体

(d) 飞翼式

图 1-4　飞机机身的剖面形状

现代飞机的机身结构主要由纵向元件(沿机身纵轴方向)、垂直于机身纵轴的横向元件以及蒙皮组合而成。纵向元件有长桁、桁梁和纵向局部加强件。横向元件是隔框,分为普通隔框和加强隔框。普通隔框(如图 1-5 所示)用于维持机身外形,并与纵向元件、蒙皮一起相互支撑,而加强隔框则要承受框平面内较大的集中载荷。机身蒙皮的作用是构成机身的气动外形,并保持表面光滑,承受局部气动载荷。长桁作为机身结构的纵向构件,在桁条式机身中主要用于承受机身弯曲时产生的轴力。另外，长桁对蒙皮有支撑作用，可承受部分作用在蒙皮上的气动载荷并传给隔框。桁梁的作用与长桁类似，只是截面面积更大(如图 1-6 所示)。

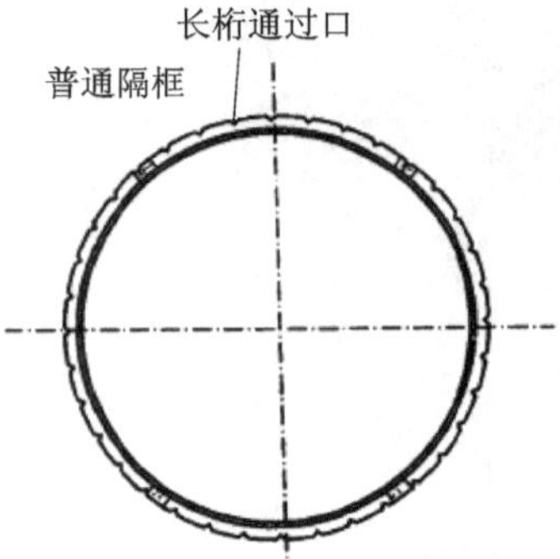

图 1-5　机身隔框

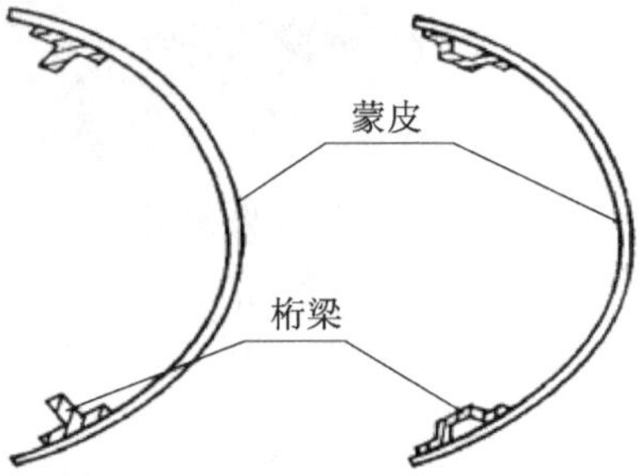

图 1-6　机身桁梁及蒙皮

根据机身结构起主要受力作用的元件组成形式的不同，机身结构的典型构造形式主要有桁条式、桁梁式、硬壳式等几种形式，如图 1-7 所示。

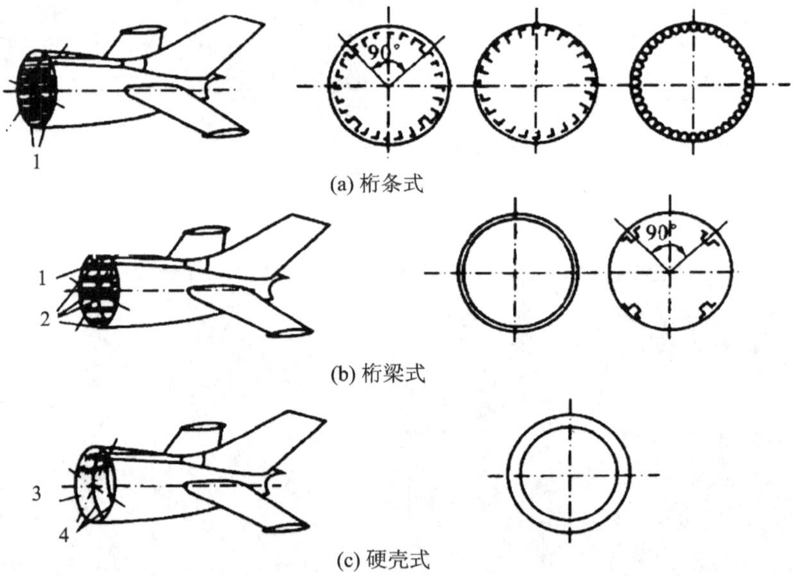

1—长桁；2—桁梁；3—蒙皮；4—隔框

图 1-7　机身结构的典型构造形式

1.1.2　机　翼

机翼是飞机产生升力的主要部件，一般由左右两个翼面对称地布置在机身两侧。其最主要作用是产生升力，同时也可以在机翼内布置弹药仓和油箱，在飞行中可以收藏起落架。另外，在机翼上还安装有用于飞机横向操纵的副翼和扰流片，有的还在机翼前后缘部分设有各种形式的襟翼和缝翼(如图 1-1 所示)，用于起飞和着陆阶段增加升力或改变机翼升力的分布。

飞机诞生之初，机翼的形状千奇百怪，有的像鸟的翅膀，有的像蝙蝠的黑翼，有的像昆虫的翅膀；有的是单机翼，有的是双机翼（如图 1－8 所示）。在单翼机中，可按机翼在机身上的相对位置分为上单翼、中单翼和下单翼三种基本形式（如图 1－9(a)所示）。按机翼弦平面有无上反角来分，可分为上反翼、无上反翼与下反翼三种类型（如图 1－9(b)所示）。一般来说，轻型飞机和民用客机采用下单翼，军用战斗机采用中单翼，军用运输机采用上单翼。为了保证飞机在飞行中的稳定性，平直翼的飞机通常采用上反翼（如图 1－10(a)所示），而具有后掠角的机翼则通常采用下反翼（如图 1－10(b)所示）。

图 1－8　具有双机翼的双翼机

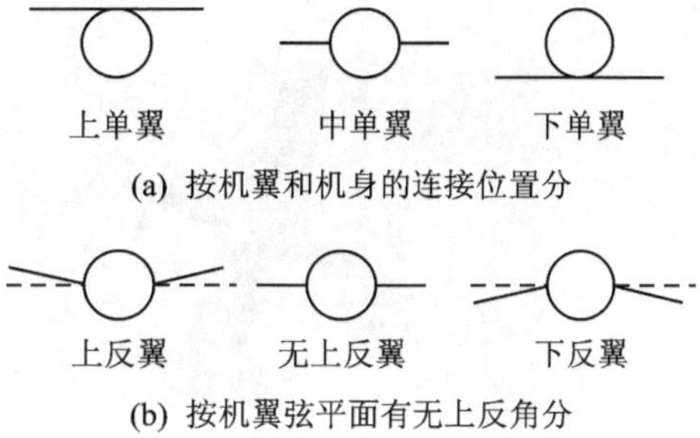

(a) 按机翼和机身的连接位置分

(b) 按机翼弦平面有无上反角分

图 1－9　机翼的位置安排和配置

(a) 平直翼飞机具有上反翼　　(b) 后掠翼飞机具有下反翼

图 1－10　不同的飞机具有不同的上下反角

从机翼的俯视形状来看，通常有平直翼、椭圆翼、梯形翼、后掠翼、三角翼、变后掠翼、边条翼、前掠翼等，如图 1－11 所示。机翼前后缘都保持基本平直的称为平直翼，平面形状为椭圆形的机翼为椭圆翼，平直翼和椭圆翼适用于低速飞机。平面形状为梯形的机翼为梯形翼，梯形翼前缘后掠角较小，在性质上更加接近同样翼展下的平直翼，可用于低速和高速飞机上。机翼前缘和后缘都向后掠的称为后掠翼，机翼平面形状呈三角形的称为三角翼，机翼后掠角在飞行中可以改变的机翼称为变后掠翼，它们都适用于高速飞机。近些年，先进的超声速飞机还采用了边条翼、前掠机翼等平面形状。边条翼是一种新型机翼，它是在中等后掠角（后掠角 25°～45°）的机翼根部前缘处，加装一后掠角很大的细长翼（后掠角 65°～85°）而形成的复合机翼，用于改善机翼在大迎角时的气动特性。前掠翼是相对后掠翼而言的一种翼型，其梢弦在根弦的前面，低速性能好，可用升力大，机翼的气动效率高。虽然前掠翼是和后掠翼同时提出的，但却很少采用，如今也仅在俄罗斯的苏－47 战斗机上应用。

机翼上通常有一些活动部件，驾驶员通过操纵这些活动部件改变机翼的形状，来控制机翼

(a) 平直翼

(b) 椭圆翼

(c) 梯形翼

(d) 后掠翼

(e) 三角翼

(f) 变后掠翼

(g) 边条翼

(h) 前掠翼

图 1－11　机翼平面形状

上升力和阻力的分布，从而达到增加升力或改变飞机飞行姿态的目的。机翼上最常见的活动部件包括各种前缘襟翼、后缘襟翼、缝翼、副翼、扰流片、减速板等，如图 1－12 所示。位于机翼前、后缘的襟翼可以向下转动，打开时增大了机翼整体的弯度，从而起到增加升力的作用；襟翼平时处于收起位置，起飞、着陆时才放下来。副翼是装在机翼后缘、接近翼梢部位的，用于控制飞机绕机身纵轴滚转的操纵面，左、右副翼对称地装在左右机翼上。

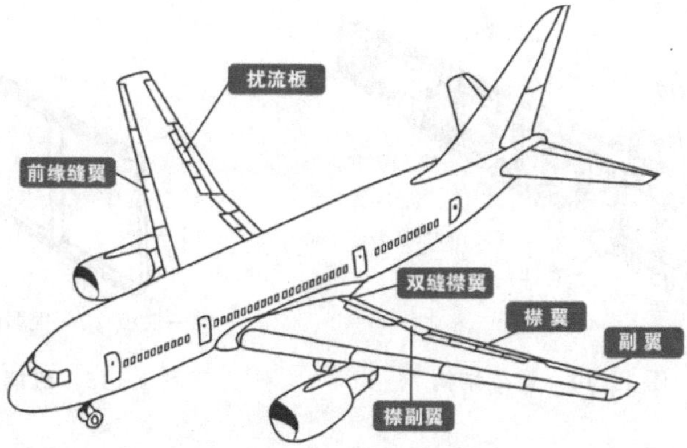

图1-12　机翼上的活动翼面

机翼结构与机身结构类似,也是由纵向骨架、横向骨架和蒙皮组成的。纵向骨架有翼梁、纵墙、桁条。横向骨架是普通翼肋和加强翼肋,如图1-13所示。

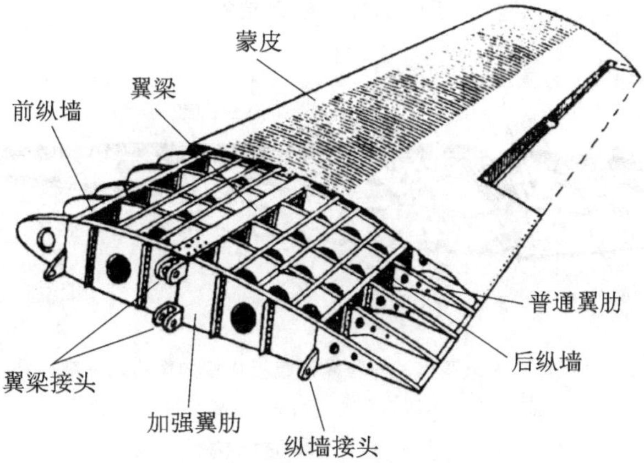

图1-13　机翼结构图

纵向骨架是沿翼展方向布置的骨架结构,包括翼梁、前纵墙、后纵墙和桁条。翼梁是最主要的纵向构件,它承受全部或大部分弯矩和剪力,在机翼根部与机身用固定连接接头连接;如图1-14所示。翼梁是一个组合式工字形形状,它由上下凸缘、腹板和支柱构成。纵墙与翼梁十分相似,如图1-15所示。两者的区别在于纵墙的凸缘很弱,或没有凸缘,只有腹板。纵墙通常布置在机翼的前后缘部分,与上、下蒙皮相连,形成封闭盒段,承受扭矩。桁条是用铝合金挤压或板材弯制而成的,如图1-16所示。桁条铆接在蒙皮内表面,支持蒙皮以提高其承载能力,并共同将气动力分布载荷传给翼肋。

横向骨架主要是指翼肋,它们的安装方向一般都垂直于机翼前缘,有普通翼肋和加强翼肋两种。其构造上的功用是维持机翼剖面所需的形状,翼肋结构如图1-17所示。普通翼肋的作用是将纵向骨架和蒙皮连成一体,把由蒙皮和桁条传来的空气动力载荷传递给翼梁,并保持翼剖面的形状。加强翼肋是指承受集中载荷的翼肋,在有集中载荷的地方对普通翼肋加强就获得了加强翼肋。

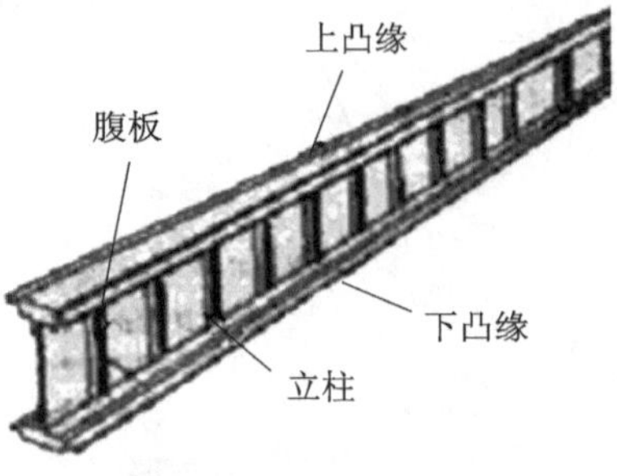

图 1-14　翼梁结构

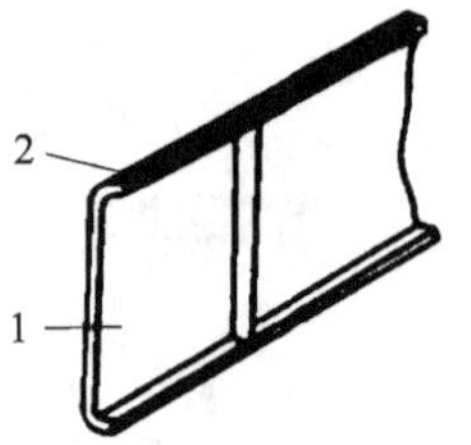

1—腹板；2—很弱的凸缘

图 1-15　纵墙结构

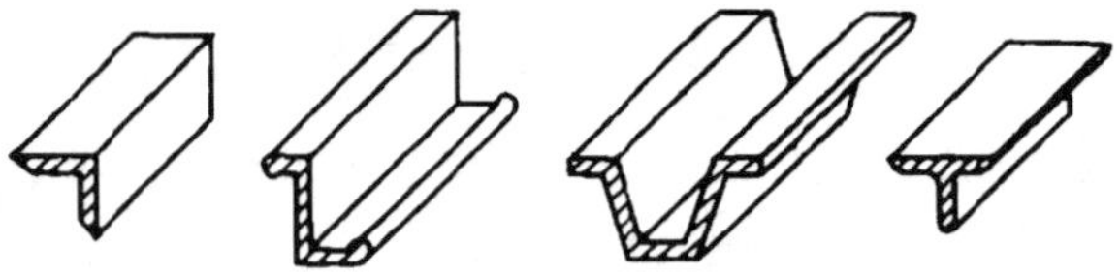

图 1-16　桁条结构

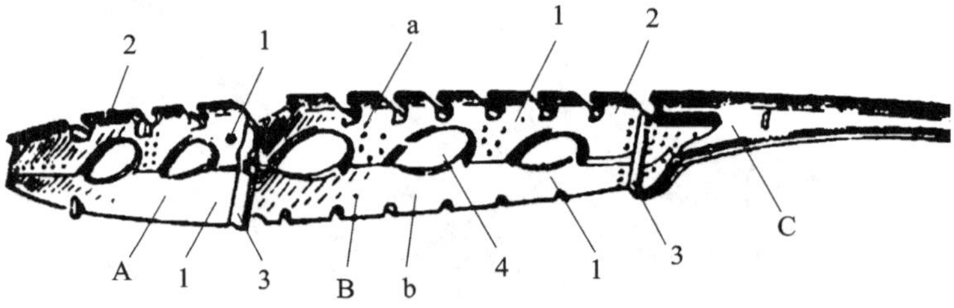

1—腹板；2—周缘弯边；3—与翼梁腹板连接的弯边；4—减轻孔

A—前段；B—中段；C—后段；a—上部分；b—下部分

图 1-17　翼肋结构

蒙皮是包围在机翼骨架外的受力构件，用粘接剂或铆钉固定在骨架上，形成机翼的气动外形，如图 1-18 所示。蒙皮除了形成和维持机翼的气动外形之外，还能够承受局部的气动载荷。早期低速飞机的蒙皮是布质的，现代飞机的蒙皮多是用硬铝板材制成的金属蒙皮。

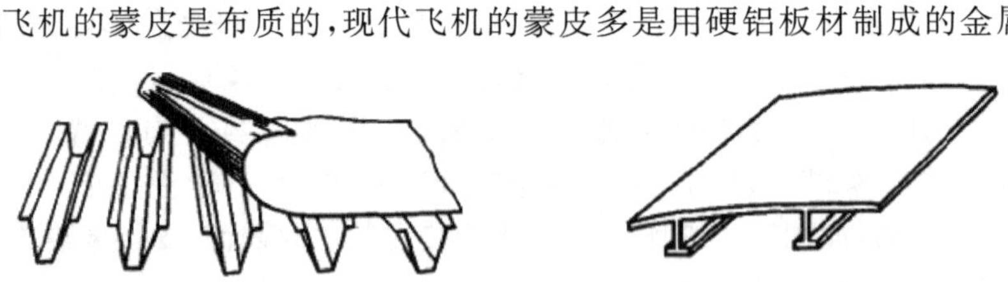

图 1-18　蒙皮结构

机翼按照主要承弯结构元件的不同，可分为梁式、单块式、多腹板式及混合式等。

梁式机翼的构造特点在于：纵向有很强的翼梁（有单梁、双梁或多梁）；蒙皮较薄，长桁较少且比较弱；有时还需要布置纵墙。图 1-13 所示为典型的单梁式机翼结构示意图。梁式机翼一般不做成整体，而是分成左右两个机翼，即在机身两侧各自有分离面，借助翼梁和纵墙根部传递集中载荷的对接接头与机身连接。

单块式机翼的构造特点在于:长桁较多且比较强,蒙皮较厚,长桁和蒙皮组成可承受轴向力的壁板。当有翼梁时,一般梁缘条的剖面面积大小与长桁接近或略大,有时只需布置纵墙。图1-19所示为典型的单块式机翼结构示意图。单块式机翼一般左右机翼连接成整体贯穿机身。

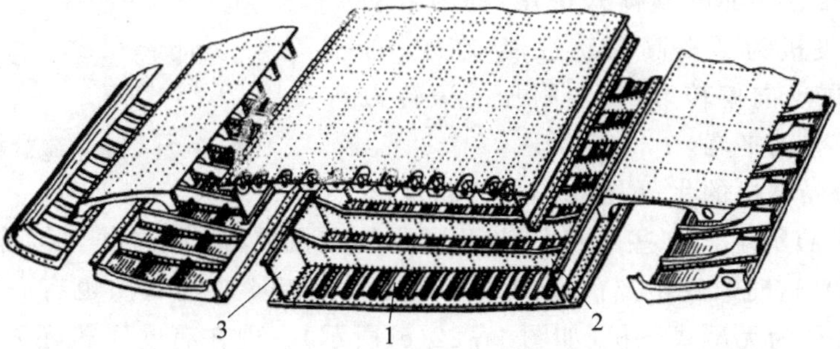

1—长桁;2—翼肋;3—墙或梁的腹板

图1-19 单块式机翼

多腹板式机翼的构造特点在于:布置较多的纵墙(一般多于5个);蒙皮厚(几毫米~几十毫米);无长桁;翼肋很少,但结合受集中载荷的需要,至少每侧机翼上要布置3~5个加强翼肋。如图1-20所示为多腹板式机翼的构造示意图。

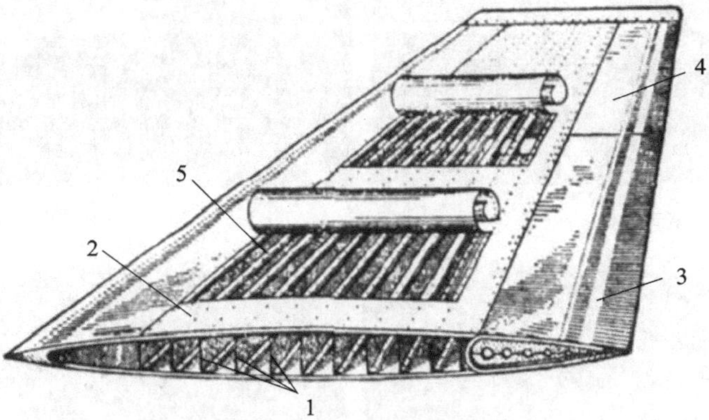

1—纵墙;2—蒙皮;3—襟翼;4—副翼;5—纵墙的缘条

图1-20 多腹板式机翼

通常情况下,梁式机翼一般用在低速或小型飞机上,高速飞机多采用带2~3根梁的单块式翼盒结构或多梁厚蒙皮式结构。在实际应用中,为了更好地优化机翼的结构重量,常常会采用混合式的机翼结构,即梁式、单块式、多腹板式3种构造形式的混合结构。

1.1.3 尾 翼

尾翼通常在飞机尾部,起纵向(俯仰)稳定、航向稳定和配平作用,是操纵飞机保持和改变飞行姿态的翼面。大多数飞机的尾翼都由水平尾翼和垂直尾翼组成,如图1-21所示。尾翼的外形和内部结构与机翼十分相似,通常都是由骨架和蒙皮构成的,但它们的表面尺寸一般较小,厚度较薄。

水平尾翼，又称平尾，是起俯仰稳定、配平和操纵作用的水平翼面，通常由前半部分固定的水平安定面和后半部分可上下偏转的升降舵组成。在超声速飞机中往往采用一种将水平安定面和升降舵合二为一并兼有二者功能的整体式平尾，称为全动平尾。某些高速飞机为了提高滚转性能，在左、右压杆时，左、右平尾反向偏转，以产生附加的滚转力矩，这种平尾称为差动平尾。

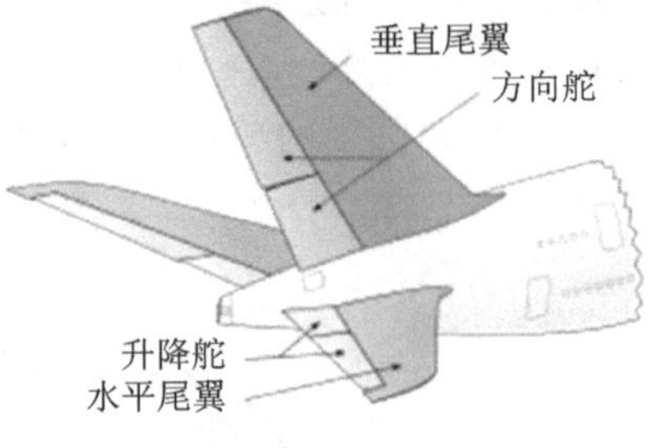

图 1-21 水平尾翼和垂直尾翼

通常，正常布局飞机的水平尾翼是位于机翼之后的，如图 1-22(a)所示。有些飞机的水平尾翼放在机翼前边，这种飞机称为鸭式飞机(如图 1-22(b)所示)，这时放在机翼前面的水平尾翼称为鸭翼或前翼。也有一部分飞机没有水平尾翼，这种飞机称为无尾式飞机(如图 1-22(c)所示)。现在有些飞机还采用了三翼面的布局方法，也就是说既有机翼前面的前翼，也有机翼后面的水平尾翼，如图 1-22(d)所示。

(a) 正常式飞机

(b) 鸭式飞机

(c) 无尾式飞机

(d) 三翼面布局飞机

图 1-22 尾翼布局不同的飞机

垂直尾翼，又称为垂尾或立尾，是保持航向稳定、配平和操纵作用的翼面，垂直装在飞机尾部上方。和水平尾翼类似，垂尾通常由两部分组成：前半部分是固定的，称为垂直安定面；铰接在垂直安定面后面的可左右偏转的部分，称为方向舵。某些高速飞机没有独立的方向舵，进行航向操纵时，整个垂尾会随着脚蹬操纵而整体偏转，称为全动垂尾。按立尾的数量来分，飞机还可分为单立尾、双立尾和无立尾式（无立尾时平尾变成 V 字形），如图 1－23 所示。

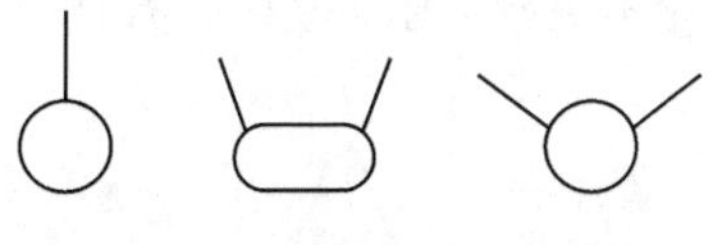

图 1－23　立尾的数量和形式

平尾上的升降舵、垂尾上的方向舵和机翼上的左右副翼，是飞机上三个主要操纵面。通过操纵机构，驾驶员可以操纵这三个操纵面来完成飞机的俯仰、偏航和滚转运动。

1.1.4　起落架

起落架是飞机在地面（或水面）停放、起飞、着陆滑跑和滑行中支持飞机重量、吸收冲击能量的部件。早期飞机的起落架由固定的支柱和机轮组成，飞行中阻力较大。除了少数小型低速飞机之外，现代的飞机都采用可收放式起落架，飞行时起落架收入机身或机翼内。在雪地和冰上起降的飞机，起落架上的机轮一般用滑橇代替；而水上飞机则用浮筒代替机轮，使其能在水面上起降。

典型的轮式起落架一般由承力支柱、减震器、带刹车的机轮和收放机构组成，如图 1－24 所示。减震器的作用是吸收着陆和滑跑时的冲击能量，减小冲击载荷。支柱用来承受地面各个方向的载荷，并作为安装机轮的支撑部件。为了充分利用构件以便于减轻重量，减震器和支柱可以合二为一，形成减震支柱。机轮用于满足地面运动，并具有一定的缓震作用。刹车装置安装在机轮上，以缩短着陆滑跑距离，同时利用左右机轮不同的刹车力，可以使飞机在地面转弯，提高地面机动性。现代大型飞机的起飞质量可达 300 t 以上，为了减小机轮对跑道的压力，同时也为了减小收藏起落架的空间，通常在一个起落架上安装两个以上的机轮，超大型飞机甚至采用 4～8 个机轮。收放机构用于起落架的收起和放下。飞行时收起起落架以减小阻力，着陆前放下起落架。收放机构同时用于固定支柱，使支柱与机体成为一个整体受力的构件。

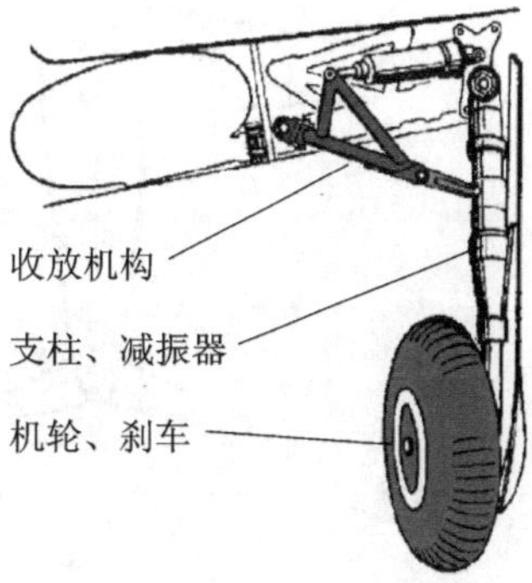

图 1－24　起落架的组成

起落架通常由三组机轮构成，两组主轮和一组辅助轮（在飞机的后或前）。可操控的前轮或者尾轮允许在地面上对飞机进行控制。使用后面安装第三组机轮的起落架称为传统式起落架，采用传统式起落架的飞机称为后三点式飞机。当第三组机轮位于飞机头部位置时称为前三点式飞机，相应的这种设计又称为三轮车式起落架。

根据机轮的位置安排，现代飞机最常用的是前三点式起落架，它是由前起落架和主起落架组成的。此类起落架在飞机重心之后并排安置两个主轮，飞机前部安置一个前轮，如图 1－25 所示。这是目前喷气式飞机用得最多的一种形式，大型螺旋桨飞机也多采用此种起落架形式。这种布局的起落架，既可避免飞机刹车过猛时出现倒立现象，又可使飞机在地面滑行和停放时不致倾倒并保持水平位置。

早期螺旋桨飞机上普遍采用后三点式起落架，其特点是两个主轮在飞机中心稍前处，尾轮在机身尾部离中心较远，如图 1－26 所示。这种形式的起落架，其重量较前三点式的轻，在地面转弯不灵活，刹车过猛时有倒立的危险。

图 1-25　前三点式起落架

图 1-26　后三点式起落架

还有少数飞机采用自行车式起落架，这种起落架的两个主轮分别布置在机身下的重心前后。为防止地面停放时倾斜，另有两个辅助小轮对称安装在机翼下面(如图 1-27 所示)，主要用于不宜布置三点式起落架的飞机上(如高速飞机，由于机翼很薄，机轮不容易收藏在机翼内，而机身空间较大)。

图 1-27　自行车式起落架

还有一种起落架的布置形式与前三点式类似，飞机的重心在主起落架之前，但它有多个主起落架支柱，如图1-28所示。这种多支柱式起落架可以看作是前三点式的改进形式，采用多支柱、多机轮可以减小起落架对跑道的压力，提高起飞着陆的安全性，一般用于大型及重型飞机上。

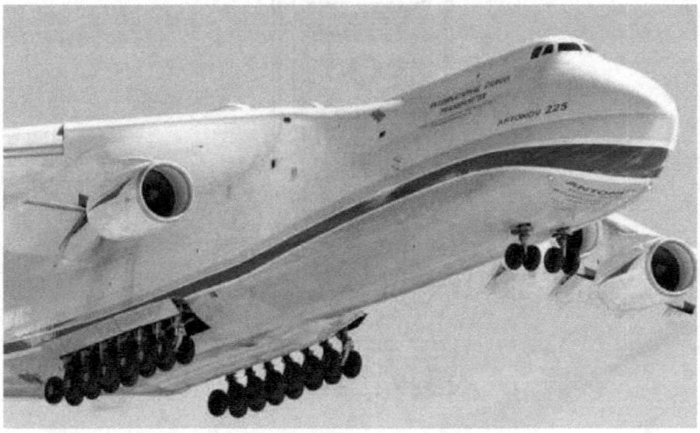

图1-28 多支柱式起落架

1.1.5 动力装置

为航空器提供动力、推动航空器前进的装置，称为航空动力装置。其通常由发动机、燃油系统、滑油系统以及保证发动机正常有效工作所必需的导管、附件、仪表和在飞行器上的固定装置等组成，如图1-29所示。为了方便，通常把动力装置简称为发动机。

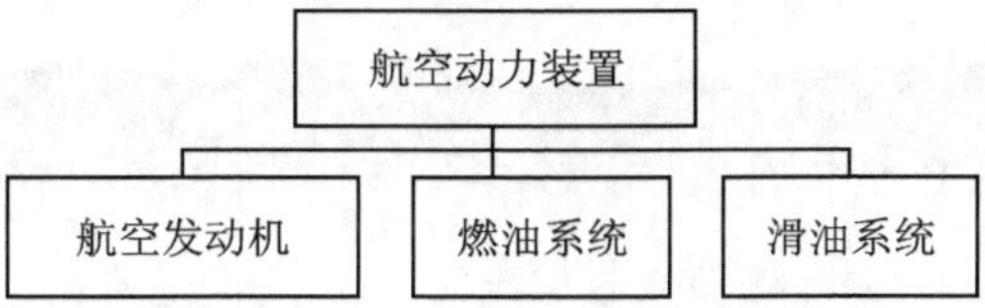

图1-29 航空动力装置组成

航空发动机主要有三种类型：活塞式发动机、燃气涡轮发动机和冲压发动机。这三类发动机都从航空器周围的大气中吸取空气作为燃料燃烧的氧化剂，所以又称为吸空气发动机。

活塞式发动机是一种把燃料的热能转化为带动螺旋桨或旋翼转动的机械能的发动机。螺旋桨高速旋转时，使空气加速向后流动，空气对螺旋桨产生反作用力，从而推动航空器前进。因此活塞式发动机并不直接产生使航空器前进的推力，而是通过带动螺旋桨转动产生推力。

活塞式发动机是一种燃烧汽油的往复式内燃机，基本组件包括气缸、活塞、连杆、曲轴、气门机构和机匣等，如图1-30所示。活塞式发动机具有油耗小、成本低、工作可靠等特点，是早期的飞机和直升机上使用的发动机，现仍在小型、低速飞机和小型直升机上使用。

燃气涡轮发动机，是现代飞机和直升机上应用最广泛的航空发动机。按其出口燃气可用能量的利用方式不同，燃气涡轮发动机又可分为涡轮喷气发动机(简称涡喷)、涡轮风扇发动机(简称涡扇)、涡轮螺旋桨发动机(简称涡桨)、涡轮桨扇发动机(简称桨扇)和涡轮轴发动机(简称涡轴)等类型。

燃气涡轮发动机都有一个共同的结构——核心机。核心机由发动机的压气机、燃烧室和涡轮组成(如图1-31所示)。对于双转子或者多转子的发动机来说，核心机由高压压气机、燃

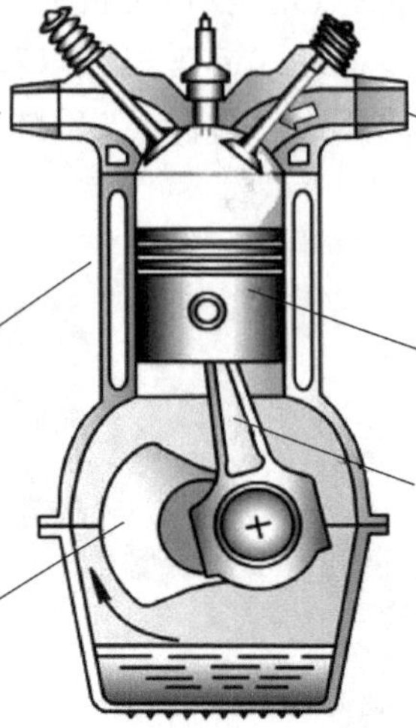

图 1-30　活塞式发动机的组成

烧室和高压涡轮组成。如果说航空发动机是飞机的心脏，那么核心机就是发动机的心脏。这是因为利用核心机能够缩短新机研制周期、提高可靠性或者发展各种类型的燃气涡轮发动机。一款成熟的核心机，可以改进为战斗机的涡扇发动机或涡喷发动机、运输机的涡扇发动机甚至是民航飞机的大涵道比涡扇发动机。也就是说，利用同一种核心机便可以演变出不同类型的发动机，只是根据不同的应用方向在核心机基础上增加不同的低压压气机、低压涡轮和不同直径的风扇，从而演变出不同类型或者型号的发动机。

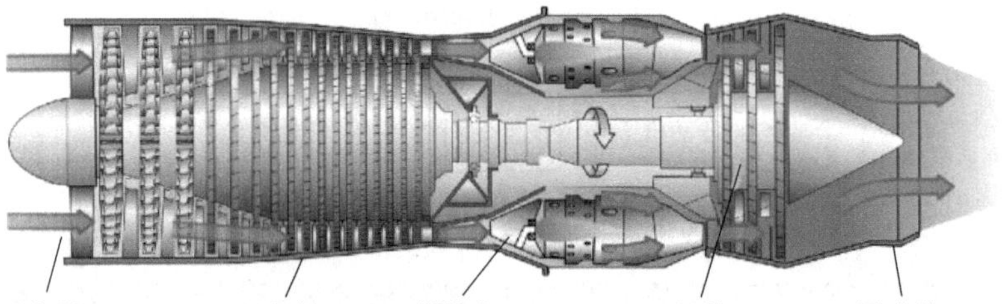

图 1-31　典型燃气涡轮发动机的组成

冲压发动机与燃气涡轮发动机不同，它没有专门的压气机，是靠飞行器高速飞行时的相对气流进入发动机进气道后减速，将动能转变成压力能，使空气静压提高的一种喷气发动机。它通常由进气道（扩压器）、燃烧室和尾喷管组成，如图 1-32 所示。它利用飞行器高速飞行时迎面气流进入发动机后减速增压并达到一定数值，直接进入燃烧室喷油燃烧，从燃烧室出来的高温高压燃气直接进入尾喷管膨胀加速，向后喷出，产生反作用推力。

冲压发动机构造简单，重量轻，推重比大，特别适用于高速飞行。但其不能在静止状态下启动，而且低速性能不好，因此，目前仅用于空中发射的导弹和靶机上。

冲压发动机与涡喷发动机相比，构造简单，质量轻，推重比大，成本低，高速飞行状态下（$Ma>2$）经济性好，耗油率低。但由于低速时推力小、耗油率高，静止时根本不能产生推力，因此不能自行起飞，必须要有助推器助飞，或与其他发动机组合使用，形成组合式动力装置。冲压发动机常用于空中发射的飞航式战术导弹和靶机上，也可用作高超声速飞行器的动力装置。

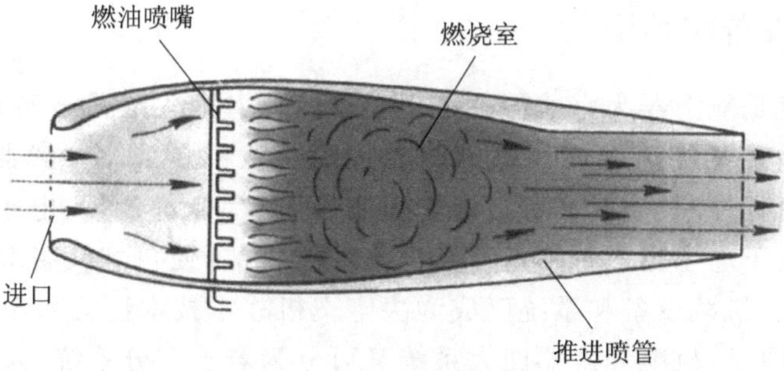

图 1-32　冲压发动机示意图

航空发动机在飞机上的安装位置多种多样,大致有以下几种:机翼内、机翼上方、机翼下方、翼下吊舱内(简称翼吊)、机身内和机身尾部吊舱内(简称尾吊)等,如图 1-33 所示。

(a) 翼　内

(b) 翼　上

(c) 翼　下

(d) 翼　吊

(e) 机身内

(f) 尾　吊

图 1-33　发动机的安装位置

1.1.6 机载设备和系统

机载设备和系统是航空器为完成各种飞行和作战任务而安装的各种设备及系统的总称。在飞机上主要有四大系统：飞行控制系统、航空电子系统、机电系统和武器系统。它们的主要用途是导航、通信、目标探测、座舱显示与环境控制、信息综合与处理、电子对抗以及武器系统的控制与管理等。由于电子技术特别是计算机技术的发展，使机载设备和系统发生了重大的革新。在现代飞机上，机载设备和系统已成为决定飞机战术技术性能和作战效能的重要因素。

飞行控制、航空电子、机电和武器四大系统又可分为若干个分系统（如图 1-34 所示）。航空电子系统包括通信导航识别系统、目标探测系统、航空电子战系统、座舱显示和控制等；机电系统包括电源系统、辅助动力系统、液压系统、飞机燃油系统、环境控制系统、机轮刹车系统、弹射救生系统、生命保障系统、空降空投系统、货运系统等分系统；武器系统包括航空火控系统、航空武器、悬挂发射装置等。

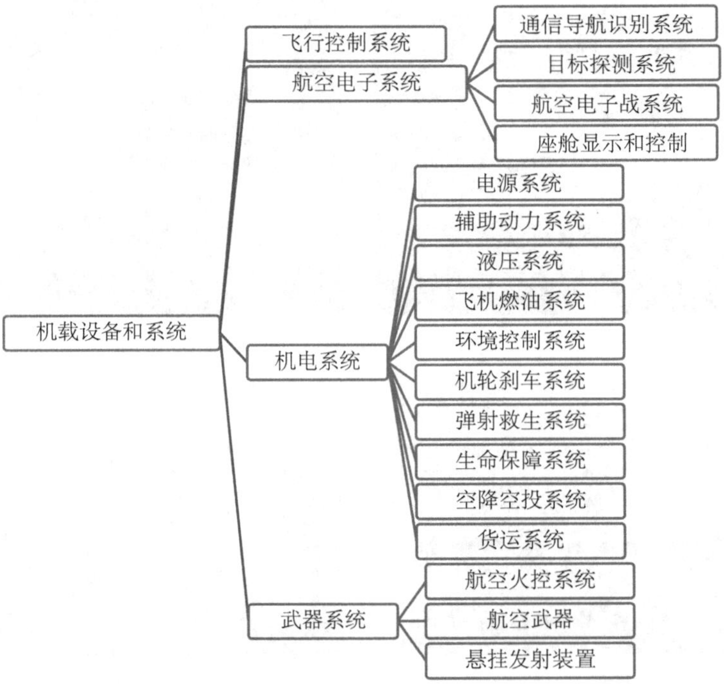

图 1-34　机载设备和系统

1.1.7 飞机分类

根据上述飞机机体和动力装置等可知，根据飞机的机身、机翼、尾翼、起落架、动力装置等的外形、数目和相对位置等，飞机可以区分成多种形式，具体如图 1-35 所示。

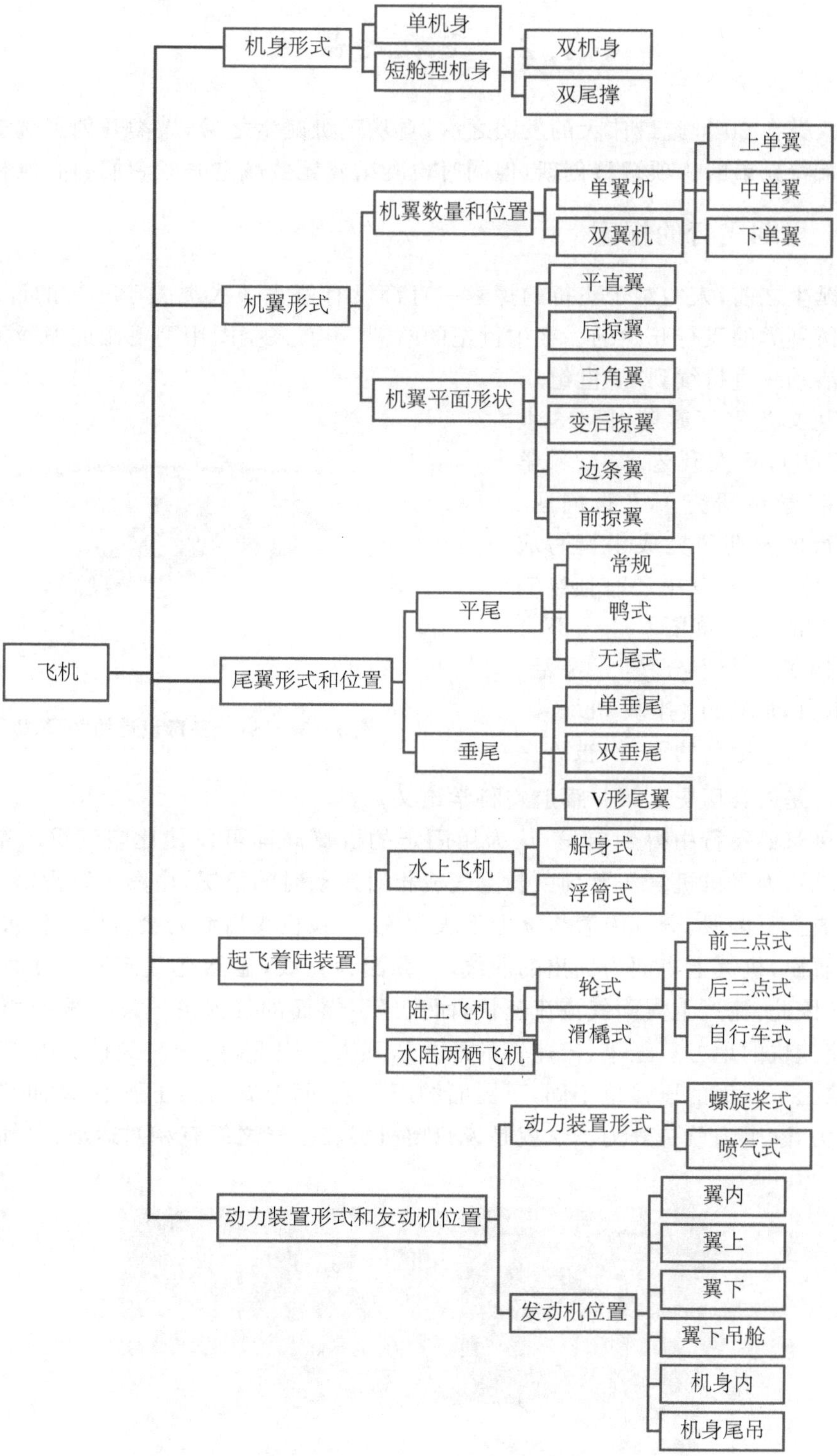

图 1－35　飞机按构造分类

1.2　飞机的诞生

飞机是人类在20世纪最伟大的发明之一，自从飞机诞生之后，人类开创了航空的新纪元。飞机是美国莱特兄弟的一项智慧创新，但同时也凝结着无数航空先驱者们的心血和智慧。

1.2.1　早期飞行的探索

在飞机诞生之前，人们对于飞行的探索一直都没有停止。人类关于飞行的许多探索和试验都是从模仿鸟类的飞行开始的。在中世纪的欧洲，曾有人企图用羽毛制成翅膀飞行，这种模仿鸟的飞行活动一直持续到17世纪。

在意大利文艺复兴时期(即13世纪末14世纪初)，意大利艺术家、科学家达·芬奇科学地研究了飞行问题。他把对鸟飞行的长期研究成果撰写成了《论鸟的飞行》一书，其中还有他绘制的许多飞行器的设计草图。达·芬奇还曾亲自制作了一个十分精巧、灵活、能模仿鸟扑翼动作的“扑翼机”(如图1-36所示)。《论鸟的飞行》被许多航空史家认为是人类历史上第一篇航空科学论文。

图1-36　达·芬奇设计的“扑翼机”

人们从风筝的飞行中得到启发，认为用固定的机翼同样可以使比空气重的东西飞起来。如图1-37所示为飞机机翼的翼剖面与空气流相对运动时的情况，由图可以看出，气流流经机翼前缘被分成上下两股，分别沿着机翼上下表面流过，在机翼后缘处会合向后流去。从机翼剖面形状可以看出，机翼上表面为突出的曲线，下翼面为直线，显然空气流经上翼面的距离要比下翼面的长，因此，流经上翼面气流流速快，而流经下翼面的气流流速慢。根据物理学中的伯努利定理，流速快的地方压强小，流速慢的地方压强大。因此，由于流经机翼上下翼面的流速不同，而导致上下翼面的压强也不同，下翼面的压强大，而上翼面的压强小，从而就产生了一个向上的压差力，这个力就是升力。这就是说只要机翼和空气之间有相对运动，空气就能够对机翼提供升力。

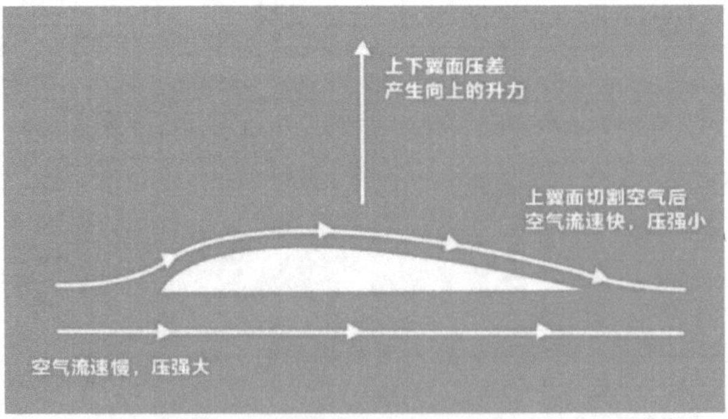

图1-37　机翼产生升力的原理

早在 19 世纪初，英国科学家乔治·凯利就根据此现象指出，机械飞行就是对一块平板提供动力，使它能在空中支持一定的重量。1810 年，乔治·凯利在其重要著作《论空中航行》中，首先提出利用固定机翼产生升力和利用不同的翼面控制并推进飞机的设计理念，奠定了固定翼飞机和旋翼机的现代航空学理论基础。由于当时无法解决动力问题，于是他于 1847 年设计制作了第一架滑翔机（如图 1－38 所示），并进行了试飞。由于凯利在飞行原理方面的巨大贡献，被后人尊称为“空气动力学之父”。

图 1－38 乔治·凯利设计的滑翔机

1843 年，英国人亨森设计出了“空中蒸汽车”。1884 年，俄国海军军官莫扎伊斯基设计制造出一种单翼机。这种单翼机具有机身、尾翼、轮式起落架，安装了两台蒸汽发动机，曾在实验中跃飞了 20～30 m 的距离。1890 年，法国工程师阿代尔还制造了一架名为“风神”的扑翼飞机。

在飞机发明之前，关于固定翼飞机的动力和稳定操纵问题，当时存在两种观点。有人主张先解决飞机的动力问题，因为那时蒸汽机的效率不高，难以实现飞机有动力的飞行；另外一些人则主张先解决飞机的稳定操纵问题，试图先通过滑翔机来获得这方面的知识，然后再在滑翔机上安装发动机。1883 年，效率较高的汽油内燃机问世，为飞机的动力提供了条件。支持前一种观点的代表是美国科学家塞缪尔·兰利，支持后一种观点的代表是德国人奥托·李林达尔，他们分别为自己的主张进行了艰苦卓绝的努力。

在航空史上，对滑翔飞行贡献最大的当属奥托·李林达尔。从 1867 年开始，他和弟弟研究鸟类滑翔飞行共 20 多年，进行了多次扑翼飞行试验，弄清楚了许多与飞行相关的理论，发现了扑翼飞行的不现实性，继而转向固定翼滑翔机的研究。他们于 1891 年制成一架弓形翼面滑翔机，成功飞过了 30 m 的距离，后来又制造出多架单翼和双翼滑翔机。如图 1－39 所示为李林达尔在进行滑翔机试飞。李林达尔将他的研究成果和实践经验写入《鸟类飞行——航空的基础》和《飞翔中的实际经验》的书中。不幸的是，在 1896 年 8 月的一次飞行试验中，李林达尔因滑翔机失事而遇难，但他的研究成果对后人产生着重要的指导作用。

美国的科学家塞缪尔·兰利博士在许多科学领域都取得了巨大成就，在科学界久负盛名，是最早利用模型飞机进行飞行理论和弹射起飞研究的人。兰利一直到 52 岁（1886 年）才开始认真研究飞行，但其凭借卓越的天赋和艰苦的努力很快便取得一系列成就。1896 年，兰利制造了一个动力飞机模型，飞行高度达 150 m，飞行时间近 3 h，这是历史上第一次重于空气的动力飞行器实现了稳定持续飞行，在世界航空史上具有重大的意义。1898 年，兰利得到美国政府的资助，并应美国军方要求设计研制了一种以内燃机作为动力的载人飞机“空中旅行者”（如图 1－40 所示）。该机在 1903 年 10 月 7 日至 12 月 8 日进行了两次飞行试验，但都失败了。试飞的失败引起舆论一片哗然，批评与嘲笑几乎将兰利过去所有的伟大成就淹没，使这位航空界权威的自尊心受到极大伤害，加上飞机受损严重且当时本人已近 70 岁高龄，他便没有再进行新的飞行尝试。但他的著作《空气动力学实验》对后来的航空技术发展产生着重要的影响，而且人们也没有忘记兰利在航空领域的伟大贡献和开拓精神，兰利被称为飞机发明前“最后的先驱”。

图 1-39　奥托·李林达尔的滑翔机

图 1-40　兰利博士的“空中旅行者”

1.2.2　飞机的发明

19 世纪末，美国的莱特兄弟（威尔伯·莱特和奥维尔·莱特）在总结前人经验教训的基础上，建立了一个小风洞来测量气流吹到板上所产生的升力。他们制造出了 3 架滑翔机，进行了上千次飞行试验，并对纵向和横向操纵性进行反复修改完善。通过大量的试验，他们发现了增加升力的原理，认识到飞机的平衡、上升和转弯可通过偏转舵面来实现。他们还发现了保持飞机横侧向稳定的方法，从而基本解决了飞机的操纵稳定问题，奠定了飞机飞行原理的理论基础。之后，他们设计制造了一台活塞式汽油发动机，装在了第 3 架滑翔机上，用于驱动两副推进式螺旋桨，这架飞机被命名为“飞行者”1 号。

“飞行者”1 号是一架普通双翼飞机，如图 1-41 所示，机长 6.5 m，翼展 12.3 m，机翼面积 47.4 m^2，起飞重量 340 kg。该机采用鸭式布局，一副前翼和一副主机翼都是双翼结构。前翼兼作升降舵，两个方向舵装在机身后面。一台 12 马力（1 马力＝0.735 kW）、重量 77.2 kg 的活塞式汽油发动机安装在下机翼偏右的部位。发动机用链条带动两副推进式螺旋桨，它们分别安装在驾驶员位置的两侧。机身骨架和机翼用枞木和布制成，上下机翼之间用支撑柱加强。最初人是趴在下部机翼上驾驶，1908 年改为坐式，1912 年才将滑撬改为带机轮的起落架。

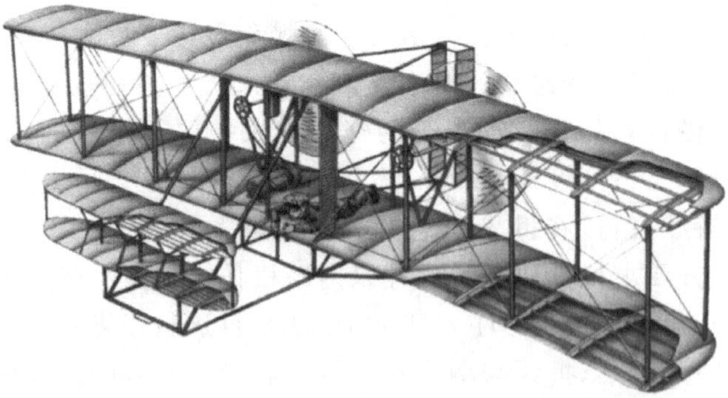

图 1-41　“飞行者”1 号飞机

1903 年 12 月 17 日，莱特兄弟使用他们自己设计制造的“飞行者”1 号飞机在美国北卡罗来纳州进行飞行试验。他们共飞行 4 次，弟弟奥维尔·莱特驾驶“飞行者”1 号进行首次试飞，飞行距离 36 m，留空时间 12 s。随着操纵技术的不断熟练，到最后一次由哥哥威尔伯·莱特飞行时，飞行距离达 260 m，留空时间 59 s。这是世界公认的、最早的、可操纵的动力持续飞行，这一天也成为人类首次载人动力飞行纪念日，莱特兄弟则作为飞机的发明人而永载史册。

“飞行者”1 号试飞成功之后，莱特兄弟又相继制作了“飞行者”2 号和 3 号。1906 年，莱特飞机的专利在美国得到认可。1908 年，莱特兄弟创建了世界上第一个专门从事飞机研制的莱特飞机公司，随后莱特飞机公司将飞机制造专利转让给了法国一家公司，同时还获得了美国陆军的第一批订单。

1.2.3　早期飞机的发展

莱特飞机的成功在欧洲掀起航空热潮，涌现出了许多飞机设计师，制造出了各种构型的飞机，飞行纪录也不断被刷新。1906 年，法国的桑托·杜蒙驾驶着自己设计制造的“14 比斯”盒式双翼机首飞成功，这是飞机在欧洲的第一次飞行。1908 年 1 月，法国的亨利·法尔曼驾驶一架双翼机，完成了首次有正式记录的环形航线飞行；同年 10 月 30 日，他还完成了首次陆上长途飞行，飞行距离约 30 km。1909 年 7 月 25 日，路易·布莱里奥驾驶着自己设计的布莱里奥Ⅺ型飞机（如图 1-42 所示）成功完成人类首次驾驶飞机飞越英吉利海峡的壮举，全程 40 km，飞行时间 37 min，这是最早的国际飞行。

图 1-42　布莱里奥Ⅺ型飞机

1909 年 9 月 21 日，旅美华侨冯如驾驶自己设计制造的飞机在美国成功试飞。在冯如试飞成功两天后，旧金山《观察报》头版头条报道了这次飞行的消息，并评论“在航空领域内，中国人把白人抛在后面”，成为轰动一时的新闻，为中国在早期世界航空史上赢得很高的声誉。1911 年，冯如携带自制的两架飞机回国（如图 1-43 所示为冯如和他设计制造的飞机），准备用自己的才华，发展中国的航空事业。冯如回国后不久，便发生了辛亥革命，广东革命军政府组织飞行队，委任冯如为队长，准备北上参加推翻满清王朝的战斗，后因清帝退位而作罢。不幸的是，1912 年 8 月 25 日，冯如在广州燕塘飞行表演中失事遇难，后被民国政府追授为陆军少将，遗体安葬在黄花岗，并立碑纪念，被尊为“中国首创飞行大家”（2009 年，中国航空百年暨空军建军 60 周年之际，中国空军授予冯如“中国航空之父”的称号）。

1910 年 3 月 28 日，法国人亨利·法布尔率先在飞机上安装了浮筒，完成了飞机在水上的起降飞行，世界上第一架水上飞机从此诞生。1913 年，俄国人埃格·西科斯基成功地研制了装有 4 台发动机的大型飞机，并于同年 8 月 2 日成功首飞。飞机诞生后的短短几年间，飞机的性能就有了很大提高，到 1913 年，飞机的飞行速度已达 200 km/h，续航时间超过 13 h，飞行高度达到 6 500 m。

图 1 - 43　冯如和他设计制造的飞机

1.3　螺旋桨飞机和喷气式飞机

从飞机发展的进程来看,传统上把飞机分为螺旋桨飞机和喷气式飞机两大类。从第一架飞机诞生直到第二次世界大战结束,几乎所有的飞机都是螺旋桨飞机。随着航空技术的不断进步,螺旋桨飞机的速度和升限达到极限,要使飞机飞得更快、更高,就必须更换发动机。于是装载喷气式发动机的飞机便诞生了,这就是喷气式飞机。

1.3.1　螺旋桨飞机

自从飞机问世以来,螺旋桨飞机就始终占据着重要地位。即便是在当今世界,螺旋桨飞机良好的低速和起降性能仍旧是其他飞机所不能比拟的。螺旋桨飞机按发动机类型不同可分为活塞式螺旋桨飞机和涡轮螺旋桨飞机。第二次世界大战之前的飞机,基本上都是使用活塞式发动机作为动力装置来驱动螺旋桨。活塞式发动机通常适用于低速小型飞机,这种飞机非常轻便灵活,适用于短途飞行。近代,在涡轮喷气发动机的基础上研制出了涡轮螺旋桨发动机和涡轮桨扇发动机,采用这两种发动机驱动螺旋桨时其效率大大提高,也提高了飞机的性能。涡桨飞机具有经济性好、维护成本低、可靠性高等优点,适于中速长距离飞行,在小型公务机和支线客机领域都有着较大优势。

螺旋桨飞机是通过螺旋桨将发动机的功率转化为动力的飞机,所以螺旋桨总是和发动机安装在一起。按螺旋桨与发动机相对位置的不同,螺旋桨飞机又分为拉进式螺旋桨飞机和推进式螺旋桨飞机。前者的螺旋桨安装在发动机之前,"拉"着发动机或飞机前进,如图 1 - 44(a)所示;后者的螺旋桨安装在发动机之后,"推"着飞机前进,如图 1 - 44(b)所示。早期的飞机曾有不少采用推进式螺旋桨,但由于这种形式的缺点较多,螺旋桨效率较低,且难以找到合适的安装位置,遂被拉进式螺旋桨飞机所取代。相对推进式螺旋桨飞机,拉进式螺旋桨飞机由于没有发动机短舱的阻挡,效率更高。当发动机安装在机翼上时,螺旋桨后面的高速气流还可用来增加机翼升力,改善飞机起飞性能。因此拉进式螺旋桨飞机占据了统治地位。在少数大型飞机和水上飞机上,发动机多达 8～12 台。将发动机前后串置在短舱上,就形成了拉进和推进的混合型式。

螺旋桨的桨叶在高速旋转时同时产生两个力,一个是牵拉桨叶向前的空气动力,一个是由桨叶扭角向后推动空气产生的反作用力。前桨面与后桨面的曲率不一样,前桨面曲率较大,后

(a) 拉进式螺旋桨飞机　　　　(b) 推进式螺旋桨飞机

图 1 - 44　螺旋桨飞机

桨面近乎平直。在桨叶旋转时，气流流经曲率大的前桨面时压力小，而流经曲线近于平直的后桨面时压力大，这就形成了前后桨面的压力差，从而产生了一个向前拉桨叶的空气动力。如图 1 - 45 所示，桨叶与发动机轴呈直角安装，并有扭角，在桨叶旋转时靠桨叶扭角把前方的空气吸入，并给吸入的空气加一个向后推的力，与此同时，气流也给桨叶一个反作用力。由桨叶异型曲面产生的空气动力与桨叶扭角向后推空气产生的反作用力是同时发生的，这两个力的合力就是牵拉飞机向前飞行的总空气动力。

早期的飞机大多使用桨距（或桨叶安装角）固定不变的螺旋桨，结构较简单，但不能适应飞行速度变化。飞机在其飞行速度高于 200 km/h 时，则需要用到变距螺旋桨，才能提高螺旋桨的效率。这种变距螺旋桨构造复杂，成本较高，主要用于速度较高、功率较大的飞机。

木制螺旋桨一般都是定距的，它的桨距是固定的。适合低速的桨叶安装角在高速飞行时就显得过小；同样，适合高速飞行的安装角在低速时又相对太大。所以定距螺旋桨只在选定的速度范围内效率较高，在其他状态下效率较低。定距螺旋桨构造简单，重量轻，在功率很小的轻型飞机和超轻型飞机上得到广泛应用。

螺旋桨变距机构由液压或电力驱动。最初使用的是双距螺旋桨（如图 1 - 46 所示），高速时用高距，低速（如起飞、爬升状态）时用低距。其后又逐步增加桨距的数目，以适应更多的飞行状态。最完善的变距螺旋桨是带有转速调节器的恒速螺旋桨。转速调节器实际上是一个能自动调节桨距、保持恒定转速的装置。

图 1 - 45　飞机的螺旋桨

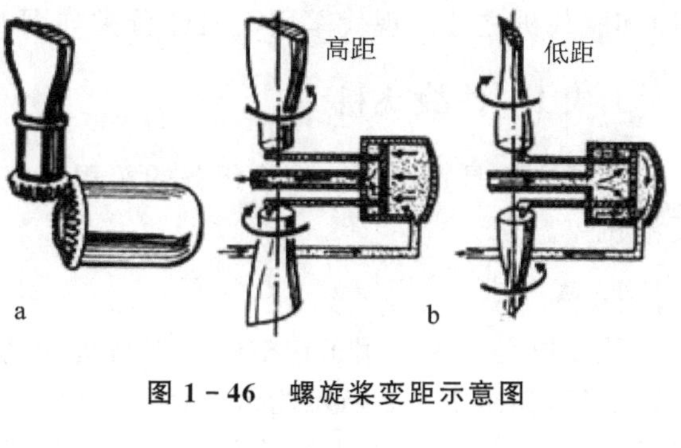

图 1 - 46　螺旋桨变距示意图

1.3.2 喷气式飞机

对于活塞式螺旋桨飞机，其活塞式发动机发出功率，使螺旋桨以每分钟 1 000 多转的转速进行旋转，将空气向后推出产生向前的推力以推进飞机。这种发动机的重量大而功率小。随着飞行速度的提高，飞机所受到的阻力增大得很快，此时就需要更大的推力来克服阻力才能使飞行速度提高。活塞式发动机由于功率的限制不可能在高速飞行中产生很大的推力，而且由于飞行速度接近声速时，螺旋桨的效率降低，因此采用活塞式发动机来达到或超过声速是不可能的。为了进一步提高速度，克服通过声速时的巨大阻力，在第二次世界大战末期开始出现了涡轮喷气发动机。涡轮喷气发动机技术的成熟推动航空装备从活塞、螺旋桨飞机时代进入涡轮喷气式飞机时代，使飞机的飞行性能大幅提升。

喷气式飞机是使用喷气发动机作为动力来源的飞机。喷气发动机靠燃料燃烧时产生的高温高压气体向后高速喷射所产生的反作用力使飞机向前飞行。这个称呼其实是早期喷气式飞机刚刚出现时相对螺旋桨飞机而言的，是从飞机动力方面来分类的，并不太适用于现代飞机。现代飞机的动力装置按产生推力原理的不同和工作原理的不同可以分为两大类，活塞式发动机和空气喷气发动机。空气喷气发动机又分为燃气涡轮发动机和冲压喷气发动机两类。燃气涡轮发动机又可细分为涡轮喷气发动机、涡轮风扇发动机、涡轮螺旋桨发动机、涡轮桨扇发动机、涡轮轴发动机等。相应的，根据发动机的分类，喷气式飞机其实可分为涡轮喷气式飞机、涡轮风扇喷气式飞机、冲压喷气式飞机等多种类型。总体来说，喷气式飞机的优点是结构简单，速度高，燃料费用省，装载量大。

1.4 军用飞机的分类及功用

自从发明了飞机之后，飞机逐渐成为所有航空器中种类、数量以及应用最多的一种。飞机根据应用可分为军用飞机和民用飞机两大类。军用飞机是直接参加战斗、保障战斗行动和军事训练用的飞机的总称，是航空兵的主要技术装备。民用飞机则是泛指一切非军事用途的飞机，包括旅客机、货机、邮政机、公务机、农林用机、教练机、救护机等。军用飞机根据不同的军事用途，又可分为作战飞机和作战支援飞机两大类。典型的作战飞机有战斗机、轰炸机、攻击机、战斗轰炸机、反潜机等。作战支援飞机包括军用运输机、预警指挥机、电子干扰机、空中加油机、侦察机、军用教练机和通讯联络机等。上述部分类型的军用飞机还有岸基机（又称陆基机）和舰载机之分。现代军用飞机的分类如图 1－47 所示。

1.4.1 作战飞机

作战飞机是直接执行作战任务的军用飞机，主要有战斗机、轰炸机、攻击机、战斗轰炸机、反潜机等。

1. 战斗机

战斗机是指主要用于在空中消灭敌机和其他飞航式空袭兵器的军用飞机，又称歼击机，旧称驱逐机，如图 1－48 所示为俄罗斯的米格－29 战斗机。战斗机的任务主要是与敌方战斗机进行空战，夺取制空权；其次是拦截敌方轰炸机、攻击机和巡航导弹，还可携带一定数量的对地攻击武器，执行对地攻击任务。战斗机具有火力强、速度快、机动性好等特点，是航空兵空中作

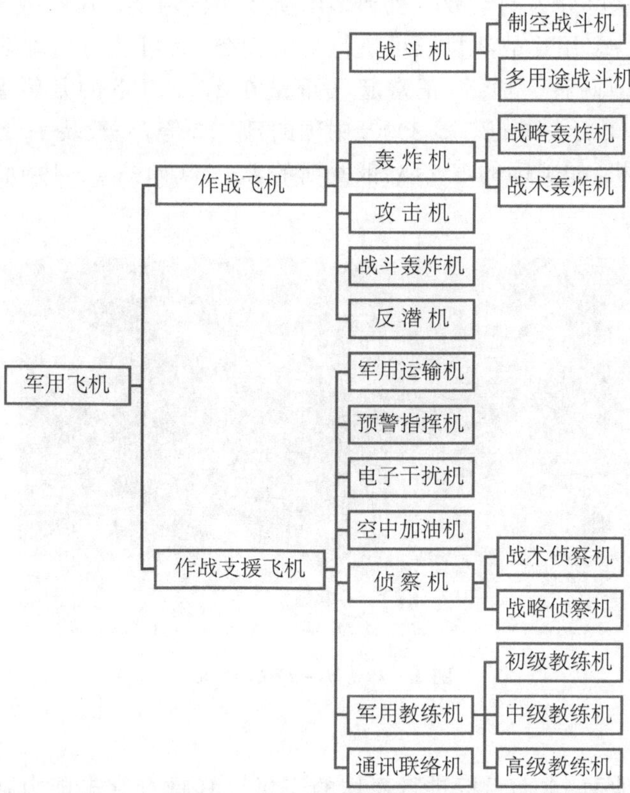

图 1-47　现代军用飞机的分类

图 1-48　米格-29 战斗机

战的主要机种。

战斗机早期分为制空和截击两种主力机型。截击战斗机的主要任务是国土防空、远程截击，主要特点是高空高速，一般不具备良好的机动性，空中格斗能力差。自 20 世纪 60 年代以后，由于雷达、电子设备和武器系统的完善，专用截击战斗机的任务已由制空战斗机完成，不再发展截击机。制空战斗机通常中低空机动性好，装备中近程空对空导弹，通过中距空中格斗、近距缠斗击落敌机以获得空中优势，或为己方军用飞机护航，主要用于空中格斗、争夺制空权、拦截敌方轰炸机群等。

现代战斗机按用途可分为制空战斗机和多用途战斗机两类。制空战斗机又称空中优势战斗机，主要任务是空战；多用途战斗机既可执行空战任务，又可执行对地攻击任务。战斗机按重量可分为轻型和重型两种。通常，正常起飞重量在 15 t 以下的是轻型战斗机，如美国的 F－16、俄罗斯的米格－29、法国的幻影 2000、中国的歼－10 等，一般装一台发动机；而接近或超过 20 t 的是重型战斗机，如美国的 F－15、俄罗斯的苏－27(如图 1－49 所示)、中国的歼－11B 等，一般装两台发动机。

图 1－49　苏－27 战斗机

2. 轰炸机

轰炸机是用于对地面、水面目标进行轰炸的飞机。其具有突击能力强、航程远、载弹量大等特点，是航空兵实施空中突击的主要机种，如图 1－50 所示为俄罗斯的图－95 战略轰炸机。轰炸机的武器系统包括各种炸弹、航弹、空对地导弹、空舰导弹、巡航导弹、深水炸弹等。其火控系统可以保证轰炸机具有全天候轰炸能力和很高的命中精度。轰炸机的电子设备包括自动驾驶仪、地形跟踪雷达、领航设备、电子干扰系统和全向警戒雷达等，以保障其远程飞行和低空突防。现代轰炸机还装有受油设备，可进行空中加油。

图 1－50　图－95 轰炸机

轰炸机有多种分类方式：按执行任务范围可分为战术轰炸机和战略轰炸机；按载弹量可分为轻型轰炸机(3～5 t)、中型轰炸机(5～10 t)和重型轰炸机(10 t 以上)；按航程可分为近程轰炸机(3 000 km 以下)、中程轰炸机(3 000～8 000 km)和远程轰炸机(80 00 km 以上);按武器可分为常规轰炸机、核轰炸机和巡航导弹载机;其他还有俯冲轰炸机、水平轰炸机和鱼雷轰炸机等分类方法。

一般来说,轻型轰炸机又称战术轰炸机。其载弹量不大于 5 t、航程在 3 000 km 以下,最大起飞重量不超过 30 t,主要用于战术攻击,现已基本被战斗轰炸机和攻击机全面替代。中型(中程)轰炸机的起飞重量为 40～90 t,航程 3 000～6 000 km,载弹量 5～10 t。典型机型有美国的 FB－111 和俄罗斯的图－22(如图 1－51 所示)。重型(远程)轰炸机最大起飞重量超过 100 t,航程 8 000～12 000 km,可载弹 10～30 t。其典型机型有美国的 B－52(如图 1－52 所示)、B－1、B－2 和苏联/俄罗斯的图－95、图－160 等。中型和重型轰炸机主要用于深入敌后,对军事基地、交通枢纽、经济和政治中心进行战略轰炸,统称战略轰炸机。

图 1－51　图－22 中型轰炸机

图 1－52　B－52 重型轰炸机

3. 攻击机

攻击机又称强击机,是主要用于从低空、超低空突击敌战术或浅近战役纵深内的防御工事、坦克、地面雷达、炮兵阵地、前线机场和交通枢纽等小型重要军事目标,直接支援地面部队或水面舰艇部队作战的飞机。图 1－53 所示为美国的 A－10 攻击机,于 20 世纪 50 年代研制。攻击机的特点是具有良好的低空和超低空稳定性和操纵性,良好的搜索地面小型隐藏目标的能力。攻击机可配备品种较多的对地攻击武器,除机炮和炸弹外,还包括制导炸弹、反坦克集束炸弹和空对地导弹等。由于攻击机是在战场上最容易受到敌方攻击损失的机种,为提高生存能力,一般会在其要害部位装有防护装甲。

现代攻击机有亚声速的和超声速的,正常载弹量可达 3 t,机上装有红外观察仪或微光电视等光电搜索瞄准设备和激光测距、火控系统等。如今，空中战役战术纵深攻击任务一般都用战斗轰炸机，实施近距空中支援攻击任务则用攻击机。多用途战斗机出现后取代了一部分攻击机的作用，使攻击机的发展速度有所放缓。但是，与多用途战斗机相比，攻击机具有价格低、低空性能好等特点，因而在未来战场上仍会占有一席之地。

图 1-53　A-10 攻击机

4. 战斗轰炸机

战斗轰炸机也称歼击轰炸机或战斗攻击机。其主要用于突击敌战役战术纵深内的地面、水面目标，并是具有空战能力的飞机，如图 1-54 所示为俄罗斯的苏-34 战斗轰炸机。战斗轰炸机能携带普通炸弹、制导航空炸弹、反坦克子母弹和战术空地导弹，有的能携带核航空炸弹，并装有火控系统，具有较强的攻击地面、水面目标的能力。它还可携带空空导弹，投掉外挂武器后，可用于空战。著名的战斗轰炸机有美国的 F-105、F-111、F-15E，俄罗斯的苏-7、苏-24 和苏-34 等。

图 1-54　苏-34 战斗轰炸机

早期的战斗轰炸机主要是由战斗机改装而成的，携带的武器一般为炸弹，用于轰炸地面目标。由于战斗轰炸机的发展，轻型轰炸机逐步被淘汰。随着机载电子设备的不断改进和现代格斗导弹的广泛使用，战斗轰炸机的空战能力有了很大提高。同时，由于综合性能较强的多用途战斗机也是各国追求经济性和实效性的重点研制对象，如今，轻型的战斗轰炸机已逐渐被多用途战斗机所替代。在未来的空中战场上，单一用途的战斗轰炸机的地位将会有所下降，与此相反，多用途战斗机的发展势头强劲。

小知识:战斗轰炸机与攻击机之间的差异

一般来说,近距离的对地攻击可使用攻击机,远距离的突袭则使用轰炸机。而战斗轰炸机是介于攻击机和轰炸机之间的一种机型,可用于中远距离小型地面目标的攻击。战斗轰炸机与攻击机的区别在于突防手段和空战能力的不同。攻击机的突防主要靠低空飞行和装甲保护,战斗轰炸机则主要靠低空高速飞行;攻击机一般不宜用于空战,而战斗轰炸机具有空战能力;攻击机用于突击地面小型或活动目标,比使用战斗轰炸机更有效;此外,攻击机可在野战机场起降,而战斗轰炸机一般需用永备机场。

5. 反潜机

反潜机泛指担任搜索、标定与攻击潜艇的军用飞机。常见的反潜机有固定翼飞机(如图 1-55 所示为美国的 P-3 反潜机)和直升机两种形态,可从陆地机场或水面舰船起降执行任务。反潜机大致可以分为水上反潜飞机、岸机反潜飞机、舰载反潜飞机、反潜直升机等。一般来说,反潜机的主要装备包括探测设备和武器装备两部分,具有快速、机动的特点,能在短时间内居高临下地进行大面积搜索,并可以方便地向海中发射或投掷反潜炸弹,甚至最新型的核鱼雷。

图 1-55　P-3 反潜机

1.4.2　作战支援飞机

作战支援飞机是非直接执行作战任务的、为作战飞机提供各种技术支援的军用飞机。其主要包括军用运输机、预警指挥机、电子干扰机、空中加油机、侦察机、军用教练机、通讯联络机等。

1. 军用运输机

军用运输机是用于空运军事人员、武器装备,并能空投伞兵和其他军用物资的飞机,如图 1-56 所示为美国的 C-5A“银河”式运输机。军用运输机具有较大的载重量和续航能力,能实施空运、空投、空降,保障地面部队从空中实施快速机动,具有较完善的通信、领航设备,能在昼夜复杂气象条件下飞行。有的军用运输机还装备有用于自卫的武器和电子干扰设备。

军用运输机按运输能力可分为战略运输机和战术运输机。战略运输机航程远、载重量大、

图 1-56 C-5A“银河”式运输机

速度快，主要用来载运部队和各种重型装备，实施全球快速机动，主要在远离作战区的大中型机场起降。战术运输机一般是中小型飞机，主要在战区附近承担近距离运输兵员及物资任务，有的具有短距起降性能，能在简易机场或中小型野战机场起降。军用运输机有装卸方便的特点，机上一般都有专门的装卸设施。

2. 预警指挥机

预警指挥机又称空中预警机，是指装有远程警戒雷达系统，用于搜索、监视空中、地面或海上目标，指挥并可引导己方飞机执行作战任务的飞机。地面雷达由于受到地球曲度限制，对低高度目标的搜索距离有限，同时受地形干扰而导致搜索效果受限。因此，预警机将整套雷达系统放置在飞机上，借由飞机的飞行高度，自空中搜索各类空中、海上或陆上目标，从而提供较佳的预警与搜索效果。预警机多用续航能力强、载重量大的亚声速运输机改装而成，机身内装有大量电子设备，机身上部装有一个蘑菇状的雷达天线罩，内为预警雷达天线。在预警机上再装上敌我识别、情报处理、指挥控制、通信导航和电子对抗等航空电子系统，使预警机不仅能及早截获和监视低空入侵的目标，而且能引导和指挥己方战斗机进行拦截和攻击。预警指挥机按照其飞行重量、留空时间、任务载荷、作战使命等，可以分为战略级预警指挥机和战役/战术级预警指挥机。

世界上拥有预警机的主要国家和机型有：美国的 E-2A、B、C、2000 型“鹰眼”预警机和 E-3“望楼”预警机、E-8“联合星”远距离雷达监视机，俄罗斯的 A-50“中坚”预警机(如图 1-57 所示)、图-126 预警机，中国的空警-2000、空警 200 预警机，英国的“猎迷”MK3 预警机等。

3. 电子干扰机

电子干扰机又称电子战飞机，是带有电子干扰设备，以对敌方的雷达和通信设施进行干扰的军用飞机，是专门用于对敌方雷达、无线电通信设备和电子制导系统等实施侦察、干扰或袭击的飞机的总称。电子干扰机的任务主要是通过告警、施放电子干扰、对敌地面搜索雷达和制导雷达进行反辐射攻击等方式，掩护己方航空兵部队顺利执行截击、轰炸等作战任务。电子干扰机大多是利用轰炸机、战术运输机、重型攻击机和战斗轰炸机等的机体加装电子干扰设备而成的，大的总重上百吨，小的在 20 t 以上。大型的如美国的 EC-130(如图 1-58 所示)、俄罗斯的图-95 和图-16 改型等；小型的如美国的 EF-111、EA-6B、俄罗斯的苏-24 改型等。

图1-57 A-50“中坚”预警机

图1-58 EC-130电子干扰机

4. 空中加油机

空中加油机是在空中给飞行中的飞机或直升机补加燃料的飞机，图1-59所示为美国的KC-10空中加油机正在给受油机进行空中加油。空中加油机可以使受油机增大航程、延长续航时间、增加有效载重、提高远程作战能力等。空中加油机多由大型运输机或战略轰炸机改装而成，加油设备大都装在机身尾部或机翼下方的吊舱内，由飞行员或加油员操纵。空中加油机加油时有两种方式，一种为插头锥管式(软管式)，可同时给2架或3架飞机加油；另一种是伸缩管式(硬管式)，一次只能给1架飞机加油，但加油速度较快，通常由大型运输机改装而成，如美国的KC-130加油机就是由C-130运输机改装成的。

5. 侦察机

侦察机是专门用于从空中获取情报的军用飞机，是现代战争中的主要侦察工具之一。所用的侦察设备有航空照相机、合成孔径雷达、摄像仪、红外和电子侦察设备等。飞机诞生后，最早投入战场执行的任务就是进行空中侦察。侦察机是军用飞机中历史最长的机种。侦察机按侦察任务性质可分为战略侦察机和战术侦察机。

侦察机最初用于目视战地侦察和炮兵校正，后来发展成为战术侦察的主要手段，20世纪60年代出现了专门设计的战略侦察机。战略侦察机是为战略决策而搜集敌方战略情报的专用飞机，其特点是飞行高度高，航程远，能从高空深入敌方领土或沿边境飞行，装有复杂的航摄仪和电子侦察设备，可对敌方的军事和工业中心、导弹基地和试验场、防空体系等战略目标实

图 1-59　KC-10 空中加油机

施侦察。其典型机型有美国的 SR-71(如图 1-60 所示)、俄罗斯的米格-25R 等。美国还用 C-130 运输机和 P-3 反潜巡逻机改装的电子侦察机执行同类任务。

图 1-60　SR-71 高空侦察机

战术侦察机是对战场或战区目标实施侦察的军用飞机,大多利用战斗机改装。机上一般不带武器装备,但加装摄像仪、合成孔径雷达等设备,可对敌纵深 300～500 km 范围内的兵力部署、火力配备、地形地貌等进行侦察。典型的战术侦察机有美国的 RF-4、俄罗斯的苏-24 等,这些飞机的飞行性能与同型战斗机类似。为了减小侦察危险、降低侦察成本,不少国家还研制并使用了无人侦察机。

6. 军用教练机

教练机是为训练飞行员而专门研制或改装的一种特殊机种。一般所说的教练机,主要是指用于训练飞行员的飞机。除飞行员的训练需要专门的教练机外,其他空勤人员的培养大多也是在相应的轰炸机、运输机或经过改装的专业教练机上进行的。教练机可分为军用教练机和民用教练机两大类,以及固定翼教练机与旋翼教练机两大分支。教练机按照三级制又可分为初级、中级与高级教练机。在和平时期,军用教练机通常是空军里单一机种中数量最大的。

初级教练机用于训练学员掌握初级飞行技术。其一般为单发活塞式飞机,飞行速度低(约 300 km/h),起飞着陆速度低,操作性能好,易于驾驶。中高级教练机用于训练学员掌握喷气飞机的飞行技术,进行高级特效飞行、仪表飞行和基本战术飞行训练。这类飞机一般为高亚声速喷气式飞机,具有完善的仪表航行设备和武器系统,能在复杂气象条件下进行战斗训练和武器使用训练。部分教练机上还有较多的武器悬挂点,需要时可以用作攻击机,德国 MAKO 隐身攻击教练机(如图 1－61 所示)就属于这类教练机。

图 1－61　德国 MAKO 隐身攻击教练机

7. 通讯联络机

通讯联络机是用于作战地执行部队间通信、联络任务的飞机,一般是小型飞机。为便于完成联络任务,要求这种飞机具有较好的低空及在简易跑道起降的性能。二战期间,美军广泛使用 L－5“步哨”通讯联络机,如图 1－62 所示,该机主要承担侦察、校射、通讯、救护、滑翔机牵引等任务。

图 1－62　美国 L－5“步哨”通讯联络机

1.4.3　舰载机

舰载机泛指以航空母舰为基地的军用飞机,包括舰载战斗机、攻击机、预警机、反潜机、加油机、运输机、联络机等各种作战飞机和作战支援飞机,以及舰载直升机。舰载机的主要任务是配合舰队完成海上作战任务,夺取海上和沿岸地区制空权,对敌方海上舰船和沿岸地区陆上目标实施攻击,支援海上作战和登陆作战。舰载机和航空母舰组成的武器系统(如图 1－63 所示为航空母舰的 F/A－18 舰载战斗机群)是现代海军最强大的武器系统,是海军远洋作战的核心。

由于舰载机是以航空母舰为使用基地,主要在海上作战,与岸基机在使用条件上有很大不同。因此,舰载机具有不同于岸基机的许多技术特点,主要包括:在外形上尽量采用提高升力的设计,以适应降低舰上起降速度的要求;机翼设计成可折叠的,以减小舰上停放空间;在结构上,由于在舰上弹射起飞和拦阻着舰,飞机要加大结构强度,舰载机的结构重量比同级岸基机增加 10%左右;在动力装置方面,强调发动机的加速性、可靠性和耐腐蚀性;在机载设备和武器方面，舰载机需要更先进的电子设备和机载武器以提高综合作战能力。此外，由于舰载机需要在母舰甲板或机库内维护和修理，要求飞机有更好的维护开敞性和简易性。由于长时间在海上飞行和舰上停放，飞机结构和设备必须具备防盐雾、防潮湿和防霉菌的“三防”能力。

图 1-63　航空母舰上的 F/A-18 舰载战斗机群

第 2 章　一战时期

第一次世界大战(1914 年 7 月 28 日～1918 年 11 月 11 日)初期,飞机都很简陋,也不是专为军用而设计,所以大多没有武装,全都用木料和金属线制造,机翼和机身用涂上胶的布覆盖。当时飞机的主要任务就是在战区侦察,随着战火的升级和空中的武装遭遇变得越来越多,法国人最先尝试给飞机加装机枪并在击落了一架德军飞机之后,飞机才正式向战斗机的角色转变。随着飞机在战争中的功能分化以及机型整合,又出现了可以实施对地支援作战的攻击机和实施战略轰炸的轰炸机,以及执行海上航空任务的水上飞机。

飞机诞生不久,人们便认识到了飞机在军事上的重大应用价值,于是军用飞机从无到有,由弱变强,给战争带来了革命性的变化,战争也由平面走向立体,空间作战逐渐成为战争的重要领域。经过第一次世界大战之后,飞机从一种进行侦察和火炮定位的工具,发展成为执行高效空中作战、阻止敌机空中侦察的专业化手段,得到了充分肯定和广泛应用。军用飞机虽然并没有对一战的结果起决定性作用,但已经确立了飞机对地支援的重要地位,战场制空权成为一战中赢得胜利的必要条件。作为一种侦察、轰炸、对地攻击的战术武器,飞机也通过一战证明了它在陆战中的价值,奠定了现代立体作战的基础。

飞机在一战中得到了很大的发展,虽然战时飞机的基本机型是双座单发通用双翼机和单座单发双翼驱逐机(战斗机的旧称),但是飞机机型已朝着功能更加专业化的方向发展,除战斗机、轰炸机、攻击机和侦察机外,还出现了水上/舰载飞机。航空兵和航空工业的规模也出现了螺旋式的快速发展,战争期间生产的飞机超过了 18 万架,全世界飞机工厂达到 200 个,配套发动机制造厂约 80 家,初步形成了具有一定规模的航空产业。一战期间的飞机结构一般为钢管焊接骨架加布或木制蒙皮,布局形式大多为双翼机。与一战之前相比,飞机性能和发动机功率都有较大提高。在一战中,航空兵实施的作战行动主要包括航空侦察、支援地面部队作战、通过空战夺取制空权、实施战略轰炸等。

小知识:第一次世界大战

简称“一战”,是一场世界级帝国主义战争,战争始于 1914 年 7 月 28 日奥匈帝国向塞尔维亚宣战,以 1918 年 11 月 11 日德国投降作为结束标志。战争过程主要是同盟国和协约国之间的战斗。德意志帝国、奥匈帝国、奥斯曼帝国、保加利亚王国属于同盟国阵营;大英帝国、法兰西第三共和国、俄罗斯帝国、意大利王国、美利坚合众国、塞尔维亚王国、比利时王国、罗马尼亚王国和希腊王国等则属于协约国阵营。战场主要在欧洲,分为西线和东线战场。非洲、亚洲部分地区也受到波及。

2.1　侦察机

1908年底,飞机还处于试验阶段,并未投入战争使用。到了1914年,飞机已从一个信息辅助工具,发展成为作战侦察的主要手段。

飞机参战的最早记录是一战前的1911年10月23日,在意大利和土耳其之间的战争期间。意军航空队队长皮亚扎上尉驾驶布莱里奥XI型飞机在土耳其军队上空侦察了一小时,从此,拉开了飞机参战的序幕。10月25日,意军航空队副队长莫伊佐架机实施空中侦察,遭到土军士兵的射击,这是历史上第一次防空作战。同年11月1日,意军加沃蒂少尉驾驶"鸽"式飞机(如图2-1所示)飞往土军阵地,投下了4枚2 kg重的手榴弹,开创了用飞机轰炸杀伤敌军的历史。1912年2月23日,皮亚扎在其飞机座椅上固定安装了一架照相机,进行空中照相侦察的尝试。同年6月11日凌晨,意军第二航空队队长马连戈趁着夜幕向土耳其军营空投了数枚炸弹,开启了夜间轰炸的先河。

图2-1　"鸽"式飞机

在一战中,步兵侦察基本被侦察机所取代,飞机的主要任务就是执行空中侦察。当时侦察机的飞行速度最快约100 km/h,大多数的侦察机不携带武器。从1914年末开始,一些侦察机开始配备机枪和炸弹。接下来的几年内,出现了更先进的武装侦察机,其飞行速度可以达到150 km/h以上。除了单纯的侦察机外,还出现了可以提供多种功能的复合型飞机,既可以完成空中照相侦察任务,也可以执行投弹和地面攻击等任务。

小知识:早期的空中侦察机是如何执行侦察任务的?

早期的侦察机都是双座侦察机,一名飞行员和一名侦察员。早先侦察时是舱内人员手持相机拍摄(如图2-2所示),手写报告,后来改为利用安装在机身内的小摄像头拍摄,用无线电信息汇报侦察结果。为了飞得更高、更快,且当时并没有战斗机对其构成威胁,侦察机还摈弃了侦察以外的一切多余的东西,包括武器。

最能体现航空侦察价值的是马恩河战役。1914年9月3日,法国的一架侦察机发现了德国第一集团军的右翼非常薄弱。协约国部队抓住这一反击机会,发动了其决定性的马恩河战役,成功阻止了德国的进攻,此役也成为整个一战的转折点。在战争后期,空中照相广泛应用,

图 2-2　早期侦察机执行侦察任务

航空侦察效率大大提高。1918 年亚眠战役前，协约国利用航空侦察全面掌握了德军的防御态势，为取得战役胜利发挥了重要作用。

2.2　战斗机

空中侦察机的重要性促进了战斗机的产生，而战斗机最初的任务是保护侦察机。早期的战斗机以双翼飞机为主，仅有少数单翼设计。1915 年，轰炸和驱逐格斗成为飞机的新功能，战斗机开始出现。到了 1915 年下半年，利用飞机进行侦察、驱逐、轰炸的功能分化更加明显。

趣闻：早期的空战

在 1914 年之前，还没有专用的作战飞机，飞机的主要任务就是侦察。随着交战双方战火的升级，天空中的飞行员们由最早的见面挥手致意，变成了空中武装遭遇。很多激愤的飞行员最初只是使用随身携带的手枪去射击空中相遇的敌机飞行员，但手枪的威力和精度在高空毫无威胁；还有一些聪明的飞行员索性搬上砖头，在空中相遇时用砖头去砸敌机螺旋桨使其坠机；直到后来才换成了步枪和机枪。早期的侦察机双座的居多，其中的一个座位是专门给侦察员兼机枪手的，后来将机枪安装在机身上之后飞行员就可以直接在驾驶舱内瞄准目标并操纵机枪进行攻击了。1914 年，法国人首次将陆军在地面使用的机枪搬上了飞机，但缺点是只有在和敌机并排飞行时才能射击。同年 10 月 5 日，法国飞行员约瑟夫·弗朗茨中士和他的机械师兼观察员路易·凯诺在执行巡逻任务时，和一架德国飞机遭遇，两人配合用机枪将其击落，首开以飞机击落飞机的先河，这也是有史以来第一次真正的空战。

空战中，攻击敌机的最有利位置是绕到其后方对其进行射击。由于在飞机头部装有高速旋转的螺旋桨，因而在机身上安装机枪射击敌机是非常困难的。1915 年 3 月，一位法国飞机设计师在木制螺旋桨上加装了金属滑弹板，安装在机身上的机枪射击时，虽然有 10%左右的子弹打到桨叶上的金属板而被弹偏，但仍有大量子弹穿过桨叶射向敌机。滑弹板的出现使得协约国战斗机占据了很大的优势。但很快，德军在 1915 年 4 月俘获的协约国飞机上拿到滑弹板样本后，当时为德军服役的荷兰飞机设计师安东尼·福克在滑弹板基础上，迅速开始制造改良版的同种零件，这就是“机枪射击协调器”。这是一种新型凸轮系统，能协调螺旋桨桨叶和机枪射击同步运动，当桨叶与枪管成一线时，机枪自动停止击发。这项革新使德军飞机的攻击能力和命中率大大提高，空中优势一下子转到德国。

最先安装这种装置的德国“福克”单翼飞机在战争中获得很大成功，如图 2-3 所示为当时最有名的福克 EⅢ飞机。从 1915 年秋到 1916 年初，德国的很多福克飞机都装备了这种机枪射击协调器，在作战中发挥了很大作用。在此之后，空战的形势发生了很大变化，约 300 架 E 型福克战斗机在空战中击落了上千架协约国飞机，其中以维克斯 5 型战斗轰炸机的损失最为惨重，史称“福克灾难”。E 型福克战斗机从此称霸战场，而这种局面直到 1916 年春协约国终于制造出可与之媲美的战斗机时才宣告结束。随着射击协调器的发明，产生了专门用于空战的驱逐机，也就是现代战斗机的前身。随后又出现了专用的轰炸机和攻击机。

图 2-3　德国福克 EⅢ飞机

一战后期，战斗机得到了长足的发展，它们不但解决了向前开火的难题，而且还配备了动力强劲的发动机，机身也更趋流线型，此时的战斗机已经拥有了灵活作战、快速升空和高速飞行的条件。交战双方在航空技术上的你追我赶导致制空权的争夺也更趋白热化，1917 年春的阿拉斯之战就是空军竞赛最好的例证。当时英军的战斗机数量是德军的 3 倍，英军的飞机机型是 BE-2 型(如图 2-4 所示)和 RE-8 型，但德军的信天翁 D 型战机(如图 2-5 所示为信天翁 D. Ⅲ战斗机)在作战能力上远胜它们。数量上的优势没有能够盖过技术上的落后，英军在“血色四月”中共计损失飞机 151 架，损失机组成员 316 人，而德军只损失了 66 架飞机和 119 名飞行员。不过，英军和法军很快用新型的 SE-5 型(如图 2-6 所示)和斯帕德 S-Ⅶ型飞机赶超了德军的飞机。

图 2-4　英国 BE-2 型战斗机

图 2-5　德国信天翁 D. Ⅲ战斗机

一战中大多数的战斗机都是双翼机设计，仅有少部分设计优秀的三翼机，如英国的索普维斯三翼机和著名的福克 Dr－1 型飞机(如图 2－7 所示为德国王牌飞行员里希特霍芬所驾驶的“红男爵”)等。

图 2－6　英国 SE－5 型飞机

图 2－7　德国福克 Dr－1 三翼战斗机“红男爵”

小知识:王牌飞行员

这个称号最早出现在一战,一般是指击落敌机超过 5 架(包含 5 架)的飞行员。世界上第一位王牌飞行员是法国飞行员阿道夫·珀古,中国第一位王牌飞行员是乐以琴(抗日战争中)。一战中,德国飞行员曼弗雷德·冯·里希特霍芬,绰号“红男爵”,被称为王牌中的王牌,是战斗机联队指挥官和一战期间击落最多敌机的战斗机王牌飞行员之一,共击落敌机 80 架,他驾驶的那架大红色福克 Dr－1 三翼机也因其而著名。

1916 年末开始,绰号“幼犬”的英军索普维斯飞机大量登陆战场。它是一款功率较低、武装程度不高但机动灵活的飞机。1917 年 7 月,索普维斯 F－1“骆驼”型飞机(如图 2－8 所示)取代了“幼犬”机,以击落 1 300 架敌机的成绩成为英军在一战后期的主要武器。1917 年夏末,法军开始用自制的斯帕德 S－XIII 型飞机(如图 2－9 所示)取代老式的 S－VII 型,并作为主要空军装备投入使用,这款飞机后来也成为比利时、意大利和美国的基本装备。

图 2－8　英国索普维斯 F－1“骆驼”战斗机

图 2－9　法国斯帕德 S－XIII 型战斗机

1918 年 5 月,德军最后一款著名的双翼机福克 D－VII(如图 2－10 所示)首次投入战场。虽然这款飞机作战非常灵活,但协约国依然凭借着优质飞机在数量上的显著优势,将制空权牢牢掌握在手里。

图 2-10　德国福克 D-VII 战斗机

小知识:一战时的战斗机战术

空中格斗是在一战后期才发展起来的,在此之前,要想打掉敌方的飞机,最好是悄悄飞到敌机后方略低的位置近距离开火。在这种情况下,速度更快、机动灵活、火力更猛的飞机显然更占优势。一战的空中对决其实主要取决于航空技术的优劣,优秀的战斗机往往能够在空战中获胜。

2.3　轰炸机

战争中飞机轰炸和驱逐格斗的功能分化促成了飞机机型的整合改变,轻型飞机主要用于格斗(这就是早期的驱逐机或战斗机),重型飞机用于轰炸(这就是早期的轰炸机)。为了能够执行远程任务,在更广的范围内轰炸更多的军事目标,轻型轰炸机便应运而生。由于发动机动力充足,一些轻型轰炸机也开始执行远程轰炸任务。一般来说,轻型轰炸机采用的几乎都是单台发动机的双座双翼机。

虽然轻型轰炸机在轰炸敌方目标方面很有优势,但其功能并不全面。它们不仅不能承担侦察任务,而且由于飞行速度较慢、武装程度较低,执行任务时还需要战斗机护航,因此各个国家还是偏好使用那种具有多功能用途的战斗机。它们虽然可装载的炸弹比轰炸机少很多,但能在空战中抵御敌方的进攻,并且还能执行侦察任务。

小知识:早期轰炸机的武器装备

较早的轻型轰炸机是 1912 年生产的英国的 BE-2 型飞机,它是一款仅有一把步枪或手枪作为飞行员防身武器的双座轻型轰炸机,投掷炸弹的方式是飞行员采用手抛的形式,攻击力十分有限。法国于 1914 年末制造的双座沃鑫 3 型飞机是首架配备机枪的飞机,这种载弹量仅有 100 kg 的轻型轰炸机的产量竟达到了惊人的 800 架。

早期由于缺乏大功率的发动机,轰炸机的发展受到了限制。在 1915 年,所有关于战略轰炸的相关问题都显现出来：白天和夜间轰炸问题、轰炸精度和飞机机型问题、全天候轰炸问题以及合适的轰炸目标选择问题，所有这些问题一直持续到二战，有些甚至直至今天还没有完全解决。一战中，交战双方对于战略轰炸的思路主要有两种，一种是攻击重要城市，一种是攻击军事工业和交通运输设施。德国倾向于第一种，英法则青睐第二种。

一战中，重型轰炸机（与当时的轻型轰炸机相较而言，此时轰炸机的载弹量都比较小）相比轻型轰炸机来说应用更广，主要负责远程战略轰炸任务，轰炸目标多为军事设施和工业区。德军真正意义上的战略轰炸是从1917年初开始的，以哥达式G系列为主的重型轰炸机参与了此后绝大多数战役。哥达式G系列飞机是双发双翼机，如图2-11所示。该机从1915年开始为德国服役，有G-I～V共5种型号，是德国重型轰炸机中最重要的一类，其中G-IV型可容纳3名机组成员，速度达140 km/h，可一次性飞行480 km，是数量最多的一款哥达式飞机。

图2-11　德国哥达式战略轰炸机

英国独立空军是负责对德轰炸的主力，重点是袭击德国西部的工业重地。该部队共执行162次轰炸任务，在德国上空投下了665 t炸弹，其中552 t投放在德国西部，但英国在这些行动中共损失了450架飞机。英国制造的汉德利·佩季O/100型和O/400型双发飞机（如图2-12所示）是英军最主要的重型轰炸机，分别于1916年11月和1917年末进入英军服役，共计生产了46架和550架。

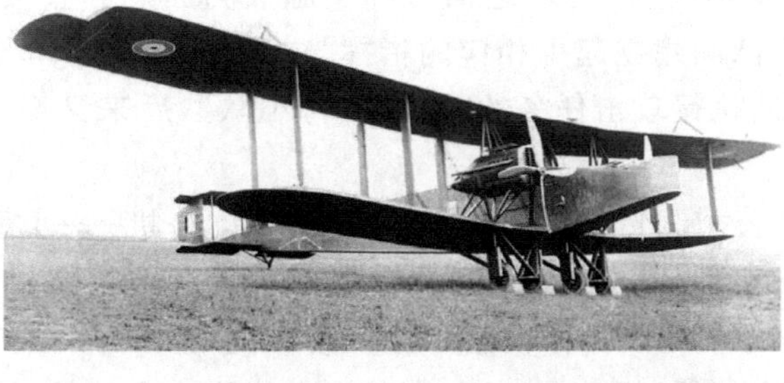

图2-12　英国汉德利·佩季O/400重型轰炸机

"俄罗斯勇士"号是俄国在1913年成功试飞的世界上第一架装有4台发动机的民用飞机。俄军于1914年8月订购的伊利亚·穆罗梅茨（IM型）飞机是一款以"俄罗斯勇士"为基础改良的军用飞机，如图2-13所示，机重4 545 kg，翼展28 m，最高时速可达104 km/h，配有8挺机枪，并最多可携带800 kg的炸弹。伊利亚·穆罗梅茨飞机是世界上第一种专门设计的轰炸机，是世界上第一架量产四发飞机，也是一战爆发时世界上最强大的一种重型轰炸机。俄军的73架轰炸机在1914—1917年间共出动了400架次，其中只有1架在击毁了3架敌军战斗机后被袭坠毁，有 2 架因为各种机械故障而退役，总体来说其战绩昭彰且坚不可摧。

图 2-13　俄国伊利亚·穆罗梅茨重型轰炸机

意大利空军开发的 4 种卡普罗尼系列轰炸机(代号为 Ca2～5)中有双翼机和三翼机，总产量为 750 架。诞生于 1918 年初的 Ca5 是一款四座双翼机，共制造了 280 架，是意军的主要战略轰炸机机型。

2.4　攻击机

随着飞机性能的提高，航空兵实施对地支援作战成为可能。在一战中，空中武装力量和地面部队的近距离协作逐渐成为进攻时的重要组成部分。但在专用的对地攻击机出现之前，执行对地支援行动的是轻型轰炸机和战斗机。在 1916 年 6 月的索姆河战役中，协约国在 70 km 长的战线上集中了 70%的航空兵力，对地面目标实施火力压制和直接突击，大量杀伤了德军有生力量，并且在空地部队间建立起了相应的指挥与控制体系。德国受此战法的影响，在次年的艾勒斯战役中组建专门执行攻击任务的“作战飞行小队”，后来又率先研制出世界上最早的攻击机。

1917 年，德国 AEG 公司制造了世界上第一架对地攻击机——J 型飞机。它具有两挺可以朝下方开火的机枪，该机型持续生产了 600 架，并一直沿用到一战结束。1917 年末，德国奥巴特罗公司制造的 J-1 型飞机既可作侦察和轻型轰炸机用，又可对地支援，是 AEG 公司 J 型飞机的替代品。但其速度较低，机动性也不够，且发动机完全无防护，这一疏漏一直到 1918 年 J-2 型飞机面世才得以纠正。

德国当时顶尖的飞机设计师雨果·容克和安东尼·福克联手将原有的容克 J-1 型双座双翼机发展成了对地攻击机，如图 2-14 所示。该机是世界上第一种全金属攻击机，在 1917 年末进行首飞之后便于 1918 年 3 月广泛投入到德军的春季大反攻中。J-1 型飞机由于配备了无线电设备，可以在指挥下对地面目标发起准确攻击，从而风靡一时。但该机繁杂的制造工序限制了其批量生产，截至 1918 年 11 月，只有 227 架 J-1 型飞机参与了战斗。

协约国比较喜欢使用多功能飞机来执行对地任务。如法国萨默森 2 型飞机，除了可执行

图 2 - 14　德国容克 J - 1 攻击机

对地攻击任务之外，还曾多次执行轰炸和侦察任务。英国则使用索普维斯 F - 1 型“骆驼”战斗机执行对地支援任务，由于其缺乏装甲保护，在战时损失惨重。后来在 1918 年 5 月才推出了索普维斯 TF - 2 型“蝾螈”飞机，它是英国的第一款参加实战的对地攻击机，不过该机刚在战场上执行几次任务，战争就结束了。

2.5　水上飞机

一战前夕，世界主要国家的海军均对水上飞机的军事应用展开了大量深入的研究，由此催生了世界上第一支装备飞机的海军航空部队和第一艘具备现代航空母舰雏形的“水上飞机母舰”。

小知识：水上飞机母舰

水上飞机母舰和航空母舰都是移动的飞机场。水上飞机母舰属于早期的航空母舰，大多是由商船或货船改装的，很简陋，所以出现真正的航空母舰后，为了与航母区分开来，就把它们称为水上飞机母舰。

英国的第一艘水上飞机母舰是“赫尔姆斯”号，在 1912 年由旧式巡洋舰改造而成，但不幸于 1914 年 10 月被鱼雷击沉。第一艘真正意义上的航空母舰“皇家方舟”号是由一艘运煤船改造而成的，从 1914 年 12 月开始服役于英国皇家海军。由于渡轮速度较快，可以配合作战舰队中常规战船的作战步伐，所以英国又在 1914 年后将许多渡轮都改造成了轻装型水上飞机母舰。

水上飞机在一战之初还处于初期应用阶段，多是一些小型陆基飞机去掉起落架加装浮筒改装而成。给普通飞机的起落架装上浮筒，使之可以在水面上起飞或降落，这就是“水上飞机”；如果给整个机身裹上一层防水外壳，则称之为“飞船”。水上飞机和飞船都是早期的水上飞机。它们既可以在海岸基地起飞，也可以在战舰上起飞；既可以侦察敌情，也可以轰炸敌军，因此水上飞机很快就成了海军作战的主要装备。

一战期间，水上飞机得到了前所未有的发展，作战任务和方式也逐渐成型，即通过“舰上起飞、水面降落、吊装回舰”的模式，可进行远距离侦察和为舰炮射击提供目标定位，同时担负部分反潜、护航、沿海巡逻与轰炸等任务。

小知识:早期水上飞机的起飞和着陆

水上飞机母舰有甲板可供有陆轮的飞机起飞,绞盘传动装置可以把装了浮筒的水上飞机从海里拉上母舰,或者把母舰上的飞机放下水中再起飞。对于一些只有陆轮的飞机,当其进行水上作战时,是无法在母舰上着陆的,这种飞机在执行完海上航空任务后就变成了一种“一次性”用品,飞行员必须弃机跳海保命。

英国皇家海军航空部队是一战中规模最大的海军航空部队,它们购置了多种多样的水上飞机,其中包括最普遍的诺曼·汤普森 NT-4 型。1914 年 7 月,世界上第一枚成功爆破的空投鱼雷由英军飞机投放。1915 年 8 月,一架肖特 184 型水上飞机(如图 2-15 所示)从水上飞机母舰“彭米可利”上起飞,在马尔马拉海击沉了一艘土耳其补给舰,成为世界上第一架击沉军舰的水上飞机。除此之外,英军的水上飞机还有 1915 年使用的索普维斯·施耐德型和 1916 年使用的贝比型。

图 2-15　英国肖特 184 型水上飞机

第 3 章　二战时期

从第一次世界大战结束后到第二次世界大战（1939 年 9 月 1 日～1945 年 9 月 2 日）爆发前这段时期，世界进入了长达 20 年的相对和平时期，航空技术也取得了进一步的发展。活塞式航空发动机的性能迅速改善，发动机功率和功率重量比都成倍提高，耗油率明显下降，寿命大大延长，螺旋桨效率和螺旋桨技术都有较大进步。在飞机构型方面，逐渐从双翼向单翼过渡，随着发动机技术和材料技术的进步，单翼布局飞机逐步取代双翼飞机。随着飞机液压和冷气系统的进步，飞机的起落架也由固定的改为可收放的，使飞机飞行速度大大提高。飞机也由木质结构发展到全金属结构，由开敞式座舱发展到密闭式座舱。到二战前，飞机最高速度达到 500 km/h，升限达 7 000 m，航程 3 000 km 以上，轰炸机载弹量超过 2 t。

小知识：第二次世界大战

简称二战，也称世界反法西斯战争，是以德意志第三帝国、日本帝国、意大利王国三个法西斯轴心国和匈牙利王国、罗马尼亚王国、保加利亚王国等仆从国为一方，以反法西斯同盟和全世界反法西斯力量为另一方进行的第二次全球规模的战争。战争范围从欧洲到亚洲，从大西洋到太平洋，先后有 61 个国家和地区、20 亿以上的人口被卷入战争，作战区域面积 2 200 万平方千米。据不完全统计，战争中军民共伤亡 9 000 余万人，5 万亿美元付诸东流，是人类历史上规模最大的世界战争。

尽管第一次世界大战大大刺激了飞机的发展，各国对飞机的认识有了提高，但各国仍然把飞机当成辅助作战武器。除了德国，其他国家并没有真正把空军当成一个独立的作战力量。在空中力量建设方面，德、意、日等轴心国与英、法、美、苏等同盟国形成了强烈反差，轴心国在战前经过了长时间的精心准备，而同盟国却在临战前或战中才对空中力量建设给予足够的重视。

在二战中，飞机的种类越来越多。参战的战斗机有防空战斗机、制空战斗机、护航战斗机、夜间战斗机和舰载战斗机等；轰炸机除轻型、中型和重型轰炸机外，还有专门的鱼雷轰炸机；攻击机也有陆基和舰载之分。此外，反潜机、舰载机、水上飞机和各种类型的运输机也都出现在各个战场中。

第二次世界大战由空袭开始至战略轰炸结束，在几乎所有的决定性战役中，飞机都发挥着关键性的作用，飞机在战争中的地位也显著提高。二战爆发前，世界各主要工业国基本都建立了独立的空军。与轴心国相比，英、法、美等国在战前的空中力量存在着较大差距，这是导致战争初期陷入被动的主要原因。战争中，各参战国的空中力量都急剧扩张，德、意、日和美、英、苏此消彼长，同盟国在战争后期占据了优势，为最终的胜利奠定了基础。

二战也使航空技术和航空工业提升了一个大的高度。在战争期间，各国参战飞机数量剧增，飞机的性能迅速提高，飞机对战争的影响越来越大，并起到举足轻重的作用。战争中，飞机在夺取制空权、实施战略轰炸、战场攻击、侦察和空运等方面发挥了巨大作用，飞机生产量远超过一战时的水平。到战争后期，美、苏、德、英等国的飞机年产量总和超过 20 万架，整个战争期间各国生产的飞机总数达到了约 100 万架。

3.1　侦察机

二战爆发时，侦察机在各国空军中的比重相对下降，但性能已经有了质的飞跃，既有专用机型，也有从战斗机和轰炸机改装而来的机型。很多知名的飞机类型都会做不同的改进，从而实现侦察的功能，如英国的“喷火”战斗机和“蚊”式飞机都有侦察版本。通常它们没有武器装备，但却有着先进的动力装置和精确的摄像机。美国的有改装过的 P－38“闪电”战斗机和夜间轰炸机用于侦察，其中一些会配备加压的机舱和其他装置，帮助其攀升到极限高度，从而防止被拦截。

专门为战略侦察任务而设计的、为数不多的飞机当属德国的福克伍尔夫 Fw－189 型战术侦察机。Fw－189 采用双尾梁结构，如图 3－1 所示。尾梁通过发动机短舱向后延伸并布置尾翼和垂尾，飞机中部则布置驾驶舱，这种结构也被后来美国的 P－38 所采用。不同的是 P－38 是战斗机，虽然两者性质不同，但 Fw－189 的作战性能同样不差，堪称德国版的“双身恶魔”。Fw－189 曾在东部战线执行很多次任务，虽然其飞行速度相对较慢，但却可以通过其韧性和极高的机动性而安全返回。

图 3－1　德国 Fw－189 战术侦察机

3.2　战斗机

在军用飞机中，战斗机是装备数量最多、应用最广、发展最快的机种，其研制水平往往代表了航空科学技术的发展水平。战斗机也从一战的双翼机时代，发展到二战的螺旋桨式时代，以及二战之后的喷气式时代。

3.2.1　欧洲战斗机

单翼机是螺旋桨式飞机时代的经典设计款式，如英国的“喷火”、“飓风”和德国的梅塞施密特 Bf－109 战斗机。它们都是在 1935—1936 年首飞，并一直在战斗中持续服役，也都进行过较大的版本改进，一直到二战结束。

“喷火”战斗机(如图 3－2 所示)和“飓风”战斗机(如图 3－3 所示)是英国二战期间研制的最先进的战斗机，是当时英国皇家空军的主力战机，在整个二战期间始终战斗在最前线，并称“英皇双雄”。虽说“飓风”与“喷火”齐名，但相比较而言，“飓风”在综合性能上要略逊于“喷火”，“喷火”战斗机几乎是英国唯一一款能与德国空军主力 Bf－109 战斗机相抗衡的机种。

图 3－2　英国“喷火”战斗机

图 3－3　英国“飓风”战斗机

Bf－109 战斗机(又称 Me－109，如图 3－4 所示)是德国在二战期间的主力战斗机之一，是德国在二战期间生产数量最大(超过 3 万架)、生产时间最久(1936—1945 年)、产生空战王牌飞行员最多的战斗机。据统计，在二战全期，德国空军总战果中的一半以上都是由 Bf－109 取得的。

图 3－4　德国 Bf－109 战斗机

小知识：Bf－109 飞机名称的命名

Bf－109 战斗机是由德国巴伐利亚飞机厂(该厂首字母简称 Bf)的设计师威廉·艾梅尔·威利·梅塞施密特设计，自 1935 年问世以来，成为此后十年间德国空军最主要的主力战机，因此“梅塞施密特”几乎成为二战时德国空军的代名词。1938 年 7 月，德国政府为表彰设计师梅塞施密特，将他所设计的飞机改为以梅塞施密特的开头缩写 Me 来命名。因此以 1938 年为准，在该年以前设计的机种，无论生产到哪一年，飞机正式称呼都是以 Bf 开头，该年以后设计的飞机则使用 Me 开头进行编号。

德国的福克伍尔夫 Fw - 190 式战斗机（如图 3 - 5 所示）作为一款多用途战斗机，性能出色，具有优秀的高速机动性能，自 1940 年首次投入使用以来，便远超英国的“喷火”战斗机，是二战中后期最好的战斗机之一。Fw - 190 的不同版本和梅塞施密特 Bf - 109 战斗机，一直都是德国在二战时期的两大主力战机。

图 3 - 5　德国 Fw - 190 战斗机

3.2.2　苏联战斗机

早期的苏联战斗机是一种混合机型。20 世纪 30 年代中期的伊- 16 具有较为合理的武器装备，但飞行速度较慢。拉格- 1 和拉格- 3 战斗机主要由木头制成，虽然较轻，但速度依然较慢。米格- 1 和米格- 3 战斗机则都是具有极佳高空作战效能的战斗机。米格- 3（如图 3 - 6 所示）是由米格- 1 改进而来，1941 年列装部队，是二战初期苏德战场上的主力战机之一。

图 3 - 6　苏联米格- 3 战斗机

雅克系列战斗机的不同款式始于 1942 年的雅克- 1 和雅克- 7，雅克- 7 几乎是与雅克- 1 同时出现的又一种改良机种，两者并行发展，同时投产，一起参战。雅克- 9（如图 3 - 7 所示）于 1942 年底首度投入使用，是雅克- 7 全金属机翼的改型，并配备动力更强劲的发动机和更佳的武器装备。雅克- 9 是苏联在二战时的主力战机之一，先后生产了 16 769 架，形成了苏联最庞大的战斗机群。雅克- 9 于 1944 年升级到 9U 的版本，具有更惊人的战斗力。战争中最为惊人的战斗机是容易让人混淆的雅克- 3，其飞行速度极快，是操纵性最好的设计款式。雅克- 3 是由雅克- 1 发展而来的轻型战斗机，1942 年底正式服役，1944 年大批装备部队。该机总共生产了 4 848 架，是唯一可以单挑德国 Bf - 109 的苏联战机，被认为是二战期间苏联空军机动性能最好的战斗机。

拉- 5 和它的改进型拉- 7（如图 3 - 8 所示）是从之前的拉格战斗机发展而来的，也具有与雅克型相当的战斗力。拉- 5 和拉- 7 是苏联“卫国战争”中的主力战机，也是二战中的著名战斗机，到二战结束为止，总产量达 15 825 架，其中包括 9 920 架拉－5、5 905 架拉－7。

图 3－7　苏联雅克－9 战斗机

图 3－8　苏联拉－7 战斗机

3.2.3　美国战斗机

在美国的战斗机中，寇蒂斯 P－36 和 P－40 性能一般，不过它们却在英军和法军中起着一定的重要作用。洛克希德 P－38"闪电"战斗机(如图 3－9 所示)是一种亚声速截击机，是性能较好的、唯一的双发日间战斗机。该机自 1941 年投入使用，是太平洋战争初期唯一能够与日本"零式"战斗机(简称零战)抗衡的一款战斗机，是在美国陆军航空队(简称美陆航)的战机中击落日本战机最多的机型，该战斗机的速度和射程范围使其在轰炸机护航任务中有着较好的表现。

图 3－9　美国 P－38"闪电"战斗机

在二战后期，美国具有世界上最强大的空中力量，拥有相当重量级的战斗机，其中主要的类型是北美 P－51"野马"战斗机和共和 P－47"雷电"战斗机。它们都是从 1940—1941 年开始服役的，此时 P－38"闪电"战斗机也还在使用之中。P－47"雷电"(如图 3－10 所示)是在一种星型发动机基础上制造的，具备较高的爬升和俯冲速率。P－47D 是所有 P－47 型战斗机之中制造数量最多的一款，共生产了约 12 000 架。P－51"野马"战斗机(如图 3－11 所示)一开始并不被看好，但其在西欧空战中赢得了比其他战机更多的胜利。它最初配备的是艾利森发动机，后来在 1942 年改装为梅林发动机后实现了射程和性能的完美结合，还可用作远程护航战斗机。

图 3-10　美国 P-47“雷电”战斗机

图 3-11　美国 P-51“野马”战斗机

3.2.4　日本战斗机

作为日本标志性版本的战斗机机型是川崎 Ki-61“飞燕”战斗机(又称川崎 3 式战斗机)。它是一种轻便灵活的战斗机,于 1943 年交付使用,其对手主要是盟军的 P-40 和 P-39。中岛 Ki-84“疾风”战斗机(又称 4 式战斗机,如图 3-12 所示),于 1944 年 4 月开始投入使用,被认为是日本在二战中最好的战斗机。

图 3-12　日本中岛 Ki-84“疾风”战斗机

小知识:二战时期的空战武器

在 1939 年,多数空对空武器都是采用的步枪口径(约 7.7 mm)的机枪,一些战斗机如意大利的 CR-42 战机只配备 2 挺机枪,德国的亨克尔 He-111 轰炸机也只配备 3 挺机枪,且需要手动射击。英国的“飓风”和“喷火”战机都配备了 8 挺机枪,但火力依然不足。后来,取代步枪口径武器的是口径达到 13 mm 级别的重型机枪,以及威力更大但射击速度较慢的 20 mm 口径的加农炮和更大的重炮。到了二战后期,美国战斗机通常会装载 6~8 挺 12.7 mm 口径的机枪,而德国则配备包括 3 cm 口径的加农炮和直径达 21 cm 的无人控制的空空火箭弹。

3.2.5　夜间战斗机

在二战中，多数飞机都是单活塞发动机、限载飞行员的单翼机。双翼机和双发单翼机则主要作为夜间战斗机使用，如德国的亨克尔 He-51 型和英国的格洛斯特“角斗士”双翼战斗机，它们的特点是飞行速度慢，装载轻量级的武器装备。

夜间战斗机在二战一开始就出现了。雷达的发展逐渐克服了夜间空中作战的障碍，夜间战斗机便开始在 1940—1941 年间的“闪击战”中发挥作用。夜间战斗机都是由地面雷达及其机身内雷达设备引领到目标附近，然后再发起进攻，使用的雷达设备在射程和精确度上随着时间的推移而逐渐提升。夜间的空中防御也由探照灯和防空炮的交叉结合而逐渐转变为更精密复杂的反制措施。

小知识：闪击战

又名闪电战，是二战中德国使用的一种战术。它充分利用飞机、坦克和机械化部队的快捷优势，以突然袭击的方式制敌、取胜，用机械化部队快速切割敌军主力以达到预期效果。闪击战第一次出现在 1939 年 9 月 1 日的波兰战役中，当时，德军共派出坦克 2 900 辆，飞机 2 900 架次，出动 88.8 万人，分成 44 个师，其中包括 7 个装甲师、4 个轻型装甲师和 4 个独特的摩托车队。德国装甲部队和空军构成的快速纵深挺进力量，将波兰军队迅速撕裂、合围，仅仅使用 6 个小时就完全占领了波兰。

英国第一款成功的夜间战斗机是布里斯托尔“英俊战士”战斗机，与大多数的夜间战斗机一样都是采用的双座双发设计(另一个飞行员是雷达操作员)，如图 3-13 所示，于 1940 年 10 月参战后就表现优秀。作为一款“凑合着用”的多用途重型战斗机，“英俊战士”从 1941 年开始就被一系列“蚊”式飞机所取代(“蚊”式飞机除了有日间轰炸机之外，还有夜间战斗机、侦察机等型号)。

图 3-13　英国“英俊战士”战斗机

美国在早期都是使用“英俊战士”和 A-20“浩劫”执行夜间战斗任务。其中，A-20“浩劫”有许多改型，包括轰炸机、攻击机、夜间战斗机等，曾服役于几个主要的同盟国。从 1944 年中期开始使用的诺斯洛普 P-61“黑寡妇”战斗机(如图 3-14 所示)，是美国唯一一种为特定目的而建造的夜间战斗机，二战期间在许多国家投入使用。P-61“黑寡妇”是当时美陆航起飞重量最大的双发战斗机，是世界上第一种实用型的夜间战斗机，也是世界上第一种使用玻璃钢作为雷达罩的战斗机，还是世界上第一款 3 机组成员的重型战斗机。

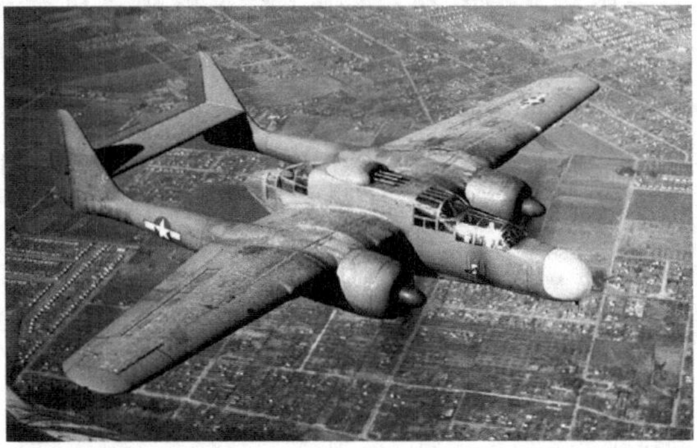

图 3-14　美国 P-61“黑寡妇”战斗机

小知识：绰号“黑寡妇”的由来

P-61 战斗机主要用于夜间战斗，机身涂成黑色，依靠其装备的当时最先进的机载雷达搜索、发现敌方飞机，然后以猛烈的火力打击敌机。因其战术与黑寡妇蜘蛛有许多相似之处，人们就给 P-61 战斗机起了“黑寡妇”的绰号。

面对持续的夜间轰炸和攻击，德国也作出发展夜间战斗机的回应，但由于在电子研究方面的混乱而遭到掣肘。德国早期装备过实验性质的夜间飞机，其类型包括梅塞施密特 Bf-110（又称 Me-110）重型战斗机和容克 Ju-88 中型轰炸机，以及后来的 Me-210、容克 Ju-188 和 Ju-388 等。这类夜间战斗机需要地面雷达引导，后来盟军的电子干扰增强之后，这种战斗机就失灵了。德国真正的夜间战斗机只有一种，这就是著名的亨克尔 He-219。He-219“猫头鹰”是世界上第一款安装弹射座椅的军用飞机，也是第一款采用前三点式起落架的飞机，如图 3-15 所示。该机是德国二战期间最好的夜间战斗机，不过在生产数量上十分有限（不超过 300 架），因此，德国广泛使用了未经改装的单发夜间飞机来执行夜间军事任务。

图 3-15　德国 He-219“猫头鹰”夜间战斗机

日本也有为数不多的夜间战斗机，如日本海军唯一正式定型生产的中岛 J1N“月光”夜间战斗机和陆军的川崎 Ki-102 高空夜间战斗机等，其数量较少的部分原因是日本精密雷达设备不足。

3.3 轰炸机

在二战中，各型轰炸机并没有一个准确的定义。轻型轰炸机包括了很多种于 1939 年服役的不同设计机型，虽然其设计比较先进，但由于有着严重的缺陷或被重型轰炸机所取代，或被地面火力压制；中型轰炸机则是指那些具有双发或三发的用于执行部分或全部的远距离军事任务的飞机；重型轰炸机是指具有四台发动机的执行战略轰炸任务的飞机。

3.3.1 早期的轰炸机

1939—1940 年，英国和法国都拥有战斗式轻型轰炸机，其缺陷是速度较低且无装甲保护，如法国的 Potez-63 系列。战争初期，苏联的苏-2S 轻型轰炸机由于提供了合理装甲保护而形成一定优势，但很多依然在 1941 年被更胜一筹的德国战斗机击落。虽然这些战斗式轻型轰炸机都只是昙花一现，但是其中依然有一些飞机会在夜间执行轰炸任务，如苏联的伊-153 单座双翼战斗机(伊-15 的改进型号)和德国的亨舍尔 Hs-123 双翼俯冲轰炸机。与绝大多数双翼飞机不同，Hs-123(如图 3-16 所示)采用坚固的全金属半硬壳结构，机身除后部及副翼采用了布蒙皮之外，其余部位全部采用了金属蒙皮，装备有整流罩和固定式起落架。

图 3-16　德国 Hs-123 俯冲轰炸机

德国的容克 Ju-87"斯图卡"俯冲轰炸机因成为闪击战的标志而闻名。"斯图卡"取自俯冲轰炸机的德文缩写。Ju-87 俯冲轰炸机最容易辨认的特征就是弯曲的鸥翼型机翼、固定式的起落架及其独有低沉的尖啸声，其外形如图 3-17 所示。"斯图卡"俯冲轰炸机于 1937 年投入量产装备部队，具有多种型号，各型总计制造约 5 700 架。之所以称 Ju-87 俯冲轰炸机是闪击战的核心力量，完全是因为该机型在入侵波兰、荷兰、比利时、卢森堡、法国以及后来的对苏作战中，几乎所向披靡，破坏力极强。然而，这种轰炸机的速度非常慢，自卫装置也较少。

小知识：俯冲轰炸机

俯冲轰炸机是轰炸机的一种，是以高速俯冲方式攻击敌方的地面或水面目标，活跃于第二次世界大战中。俯冲轰炸战术起源于一战，由英国皇家空军最先开创。在攻击敌方目标时，俯冲轰炸机会以与地面超过 45°的方

图 3-17　德国 Ju-87“斯图卡”俯冲轰炸机

式高速向目标俯冲，在距目标很近时拉起飞机并投弹。由于载弹量较小，俯冲轰炸机主要用于战术轰炸。相较于同时期的水平轰炸机（即普通的轰炸机类型）来说，俯冲轰炸机的优势在于投弹命中率高、效率高。

由于轰炸机的日间突袭会被战斗机拦截，因此，在 1940 年之后，轰炸机主要在夜间执行任务。轰炸机攻击特定目标时，由于航行技术问题很难击中目标，因此，后来将突袭改为“区域轰炸”。为此，德国组建了雷达系统、控制系统和夜间战斗机部队，从而实现近距离接触和完成拦截任务。作为回应，英国除了使用干扰雷达进行电子干扰之外，还采用了将战斗机集中在特定区域内以躲避敌方探测的方法。

历史数据

1942 年春，英国皇家空军执行了一个“千型轰炸机”的突袭行动，并第一次使用“Gee”雷达电子导航辅助设备，使得打击的精确度得到极大提高。自 1942 年起，英国皇家空军使用的四发重型轰炸机“哈利法克斯”和“兰开斯特”都具有较大的炸弹负荷量，并在 1943 年初便开始占据支配地位。约 5 000 架轰炸机在 1942 年 6 月投入飞行，一个月就扔下了 6 950 t 炸弹；而在 1943 年 6 月间，这 5 000 架飞机的投弹量达到了 15 500 t。

二战初期，德国拥有世界上最强大的中型轰炸机群。其中包括三种主要类型：道尼尔 Do-17/Do-217 轰炸机、亨克尔 He-111 轰炸机，以及稍晚出现的容克 Ju-88 轰炸机。Do-17 和 He-111 都是双发中型轰炸机。它们是二战初期德国空军轰炸机中数量最多、最主要的机种，其共同特点是速度较快、防御装备较弱，载弹量一般。道尼尔 Do-217 轰炸机（如图 3-18 所示）拥有比其他德国双发轰炸机都大的载弹量，可以携带的炸弹比 Ju-88 的早期型号都多，飞行速度也很快，主要用于替代性能已逐渐落后的 Do-17 轰炸机。

Ju-88（如图 3-19 所示）作为德国空军制造数量最多、作战用途最广的双发飞机，素有“万能轰炸机”之称，可以承担除了近距离格斗之外的水平轰炸、俯冲轰炸、远程护航、侦察巡逻、夜间截击、滑翔机拖曳、空投空运、反潜等任务，被认为是德国空军最成功的多功能空中作战平台，改型众多，性能优异。自 1941 年开始，Ju-88 就取代 Do-17 和 He-111 成为德国空军的主力轰炸机机型，直至战争结束。

布里斯托尔“布伦海姆”轻型轰炸机和汉德利·佩季“汉普敦”中型轰炸机，是二战初期英

图 3-18　德国道尼尔 Do-217 轰炸机

图 3-19　德国容克 Ju-88 轰炸机

国皇家空军所使用的轰炸机。它们也存在着一定的缺陷，如运载能力弱，防御能力差，射程不足等。威灵顿式中型轰炸机（如图 3-20 所示）整体来说好一些，这是由于它采用的网状内部结构可以实现合理的载弹量和飞行速度。该机曾在二战的前两年广泛使用，直到后来因为过低的速度与载弹量不足等缺点而被“兰开斯特”重型轰炸机所取代。

图 3-20　英国威灵顿式中型轰炸机

波兰生产的 PLZ-37“麋鹿”轰炸机（如图 3-21 所示）是二战爆发前波兰空军最现代化的作战飞机，堪称 20 世纪 30 年代双发快速轰炸机的样板。该机飞行速度较快，操纵性好，且实现了射程与载弹量的完美结合，但是由于数量上的劣势导致其同样遭遇败仗。

二战爆发时，法国轰炸机部队处于型号混乱、机型较落后的状态。法尔芒 F222 系列是法国二战中使用的最大的轰炸机，也是其当时主要的威慑力量。利奥雷 & 奥利维尔 LeO-451 是法国真正“现代化”的轰炸机，和 F222 系列一样有着不俗的作战性能。

图 3-21　波兰 PLZ-37“麋鹿”轰炸机

美国的道格拉斯 A-20“浩劫”是用途最广泛的轻型轰炸机之一，最先装备 A-20 的国家是法国，二战爆发前法国就下了部分订单，称为道格拉斯 DB-7“波士顿”轰炸机（如图 3-22 所示）。马丁 167“马里兰”轻型轰炸机和在其基础上发展而来的马丁 187“巴尔的摩”轻型轰炸机（如图 3-23 所示）均坚固耐用，易于操纵，它们在战争初期都有着不俗的表现。

图 3-22　美国 DB-7“波士顿”轰炸机

图 3-23　美国马丁 187“巴尔的摩”轻型轰炸机

3.3.2　中型轰炸机

在 1942—1945 年间，英国和美国的中型轰炸机迅速崛起，而德国和日本的空中打击力量则较薄弱。苏联虽然并不缺乏雄厚的空中力量，但因其把全部重点都放在了对地面攻击的飞机和战斗机上，所以它们的中型或重型轰炸机不多，其中最著名的有伊尔-4 和图-2。伊尔-4 是一种双发中型轰炸机（如图 3-24 所示），一共生产了 5 256 架左右，是苏联在二战时的主力中型轰炸机，也是二战期间苏联空军服役最长的轰炸机。

图 3-24　苏联伊尔-4 中型轰炸机

图-2 是一种双发轻型轰炸机(如图 3-25 所示),1941 年首飞,1943 年批量生产,既可用于水平轰炸,也可用于俯冲轰炸。图-2 飞机的主要改型达 25 种,广泛参与了包括轰炸、截击、对地攻击、鱼雷攻击、高速侦察等多种战斗任务,总产量超过 2 500 架。与同类飞机 Ju-88 和 B-25 相比,图-2 拥有毁伤更为强大的武器配置或更多的炸弹携带量,但在航程方面,图-2 只有 1 400 km 的作战半径,略显无力。

图 3-25　苏联图-2 轻型轰炸机

英国最著名的轰炸机是德·哈维兰“蚊”式。“蚊”式轰炸机(如图 3-26 所示)被视为英国航空史上的创新之作,也是二战时期为数不多的木质军用飞机之一,拥有“木头奇迹”的美誉。“蚊”式飞机有多种型号,主要包括轰炸机、夜间战斗机、战斗轰炸机、侦察机等,在二战期间制造了约 7 000 架。该机速度很快,并具有厚重的装甲,配备 20 mm 口径的加农炮、4 挺机枪以及改进的雷达设备,在二战期间创造了英国轰炸机作战生存率的最佳纪录。

图 3-26　英国“蚊”式轰炸机

美国的中型轰炸机包括北美 B-25“米切尔”、马丁 B-26“劫掠者”以及道格拉斯 A-26“入侵者”。其中,“A”类飞机曾专门为执行地面攻击任务优化过,而“B”类则主要承担中型轰炸机的角色。B-25 和 B-26 都是从 1942 年开始投入战斗的。B-25“米切尔”(如图 3-27 所示)被认为是二战中美国最好的中型轰炸机,具有极佳的全面性能表现,尤其是良好的操控性,其总产量达到 9 816 架,是二战中产量最大的美制双发轰炸机。二战中 B-25 几乎参加了美陆航在所有前线的作战,美国海军也大量装备了该机。此外 B-25 通过租借法案大量装备了英国、苏联、荷兰、澳大利亚和巴西。

A-26“入侵者”直到 1944 年 9 月才开始投入战场服役。投产的 A-26 共有两种型号,一种是生产型 A-26B 攻击机,一种是发展型 A-26C 侦察轰炸机,A-26C 机头改为透明结构,

图 3-27　美国 B-25“米切尔”中型轰炸机

装有轰炸瞄准器，如图 3-28 所示。共有 1 000 多架 A-26 一直使用到 1945 年，战后还继续服役了好多年。

图 3-28　美国 A-26C“入侵者”轰炸机

趣闻：A-26“入侵者”命名的变化

“入侵者”在正式服役时，依据其主要执行的作战任务被赋予了 A-26 的编号，其中“A”即 Attack（攻击）之意。不过随着 1948 年 6 月 12 日美国陆/空军作战飞机命名规范的修改，攻击机的机种代号“A”被水陆两栖飞机（Amphibian）占用，因此 A-26 被划归到了轰炸机的范畴，改称 B-26。这样就与二战期间更广为人知的马丁 B-26“劫掠者”中型轰炸机撞了名，但马丁 B-26 在 1948 年时，除少量转交给海军（之后改称 JM-1/2）使用之外，已经全部退出空军现役，于是“入侵者”从此便直接以 B-26 的名称在美国空军（于 1947 年 9 月 18 日新成立）继续服役。此后，1962 年 9 月 18 日，美军再次对军用飞机的命名规范进行了修订，依照新修订的《军用航空航天器的界定与命名》规范，攻击机的机种代号“A”重新启用，于是当时仍在美国空军战术支援部队服役、已被改造为专用对地支援机的 B-26K 又再次被重新赋予了 A-26A 的编号。

3.3.3 重型轰炸机

德国的飞机生产计划在战争中期就已经停滞了，其主要精力都花在了对快要淘汰的机型和原型机的改进方面。道尼尔轰炸机可以说是二战中德国最好的轰炸机，但在 1943 年末便停止了生产。道尼尔 Do－217 于 1940 年开始服役，在服役近两年的时间里，Do－217 都是德国最大的轰炸机，直到 He－177 问世。与数量众多的战术飞机相比，德国空军装备的重型轰炸机的数量极少，极度缺乏战略打击能力。亨克尔 He－177 轰炸机是德国投入战斗的一款著名类型，也是唯一成批装备部队的重型轰炸机，被称为德国“鹰狮”。由于设计要求可进行俯冲轰炸，亨克尔 He－177 的发动机配置与众不同，采用不常见的双联动耦合发动机设计，用前后或者左右排列的两台发动机来驱动一个螺旋桨，使四发的重型轰炸机从外形上看就像是一种双发中型轰炸机，如图 3－29 所示。

图 3－29　德国亨克尔 He－177 轰炸机

日本的飞机工业总体来说一直都难以与其对手抗衡。在 20 世纪 30 年代，以陆地为根据地，三菱 Ki－30 俯冲轰炸机（又名 97 式轻爆）与川崎 Ki－32 俯冲轰炸机（又名 98 式轻爆）在中国战区打了不少胜仗，并在太平洋战争早期继续投入使用。

战争后期的轰炸机主要包括横须贺 P1Y“银河”轰炸机、中岛 Ki－49“吞龙”中型轰炸机（又名 100 式重爆）以及三菱 Ki－67“飞龙”中型轰炸机，每一种轰炸机的产量都相对较低。P1Y“银河”在二战中后期日本海军的远距离轰炸任务中发挥了重要作用。直到 1945 年 8 月 15 日日本无条件投降，“银河”的累计产量超过了 1 100 架，是日本二战中后期最重要的轰炸机之一。Ki－49“吞龙”是第一个配备可伸缩尾轮的日本飞机，如图 3－30 所示。二战后期，由于日军失去了制空权，所以 Ki－49 很少执行轰炸任务，主要用于运载重要物资。Ki－67“飞龙”是中岛 Ki－49 的后继机型，在二战中服役于日本陆军和海军，是日本最坚固耐损的飞机之一。在二战最后阶段的“神风”任务中，日本还使用了 Ki－67 的特殊攻击版本（Ki－67 被转换为自杀式飞机），到二战结束时，Ki－67 共生产了 767 架。

小知识：“神风”特攻

日本的“神风”特攻是一种实施自杀性“肉弹”攻击的作战方法，即在飞

图 3-30　日本 Ki-49“吞龙”中型轰炸机

机上装上大量的烈性炸药，置于飞行员座舱之前，一旦发现目标，就连人带机撞下去，其机头触及坚硬之物立即发生剧烈爆炸。这种自杀式攻击的战术是日本第一航空兵司令海军上将大西泷治郎于 1944 年 10 月 17 日首次提出的。当时，太平洋战争已经进入了最后阶段，日本海军的接连战败，让日本的失败已成定局。但日本军国主义仍企图做最后的垂死挣扎，竟然提出“一人、一机、一弹换一舰”的自杀战术，让被“武士道精神”洗脑的飞行员用生命去阻止美军舰队的进攻。10 月 19 日，刚结婚不久的年轻上尉军官关之雄，率领日本的第一批“神风”攻击队员，一共 24 名刚刚毕业不久的年轻飞行员，从马哈洛卡特出发了。接着一批又一批的自杀攻击队员起飞，冲向一艘艘美军航空母舰和巡洋舰。1945 年 4 月开始的冲绳岛战役，日本航空兵累计出动“神风”攻击机 1 900 架次，以 2 000 多条人命的代价，共计击沉美国各型舰艇 24 艘，击伤 202 艘，虽然战绩一般，但日军这一鱼死网破的行为，却给美军造成了巨大的心理威胁。1945 年 8 月 15 日，日本宣布停战后几小时，日本第 5 海军航空司令宇垣海军上将，率领最后 11 架飞机冲向美国海军舰队，成为太平洋战争中日本的最后一批殉葬者。

英国最好的重型轰炸机是阿芙罗公司的“兰开斯特”(如图 3-31 所示)，是二战时期英国三大重型轰炸机的主力(其他两款四发轰炸机分别是“哈利法克斯”和“斯特林”)，也是二战时

图 3-31　英国“兰开斯特”轰炸机

期最著名的重型轰炸机之一，和美国的 B-17“空中堡垒”并称为二战最强轰炸机。“兰开斯特”轰炸机在二战中一共生产了 7 400 架，但在作战中就损失了 3 500 架。在二战最后三年，该机立下了赫赫战功。从 1942 年 3 月开始服役到 1945 年 5 月，“兰开斯特”一共执行 15.6 万架次轰炸任务，投掷超过 61 万吨炸弹，直接摧毁了德国 51 座城市，摧毁无数德军军工厂、桥梁、铁路等，彻底改变了战争的局势。

与英国一样，美国的日间远程战略轰炸精确度达不到良好的效果，且轰炸机编队无法在面对战斗机时做出有效的防御，因此，美国也逐渐改为集中性突袭，而执行轰炸任务的主要是 B-17“空中堡垒”和 B-24“解放者”轰炸机飞行编队。

历史数据

美国对德国目标的第一次袭击是在 1943 年 1 月，发动攻击的有 91 架飞机，其中 3 架在返回途中被 6 架德国战机击毁。1943 年 6 月，美国出动了 2 000 架次飞机，到 1944 年 1 月则达到了每月出动 6 000 架次的纪录。在短距离轰炸任务中，执行轰炸机护航的是 P-47“雷电”战斗机。在 1944 年远程护航战斗机出现之前，执行日间轰炸任务的轰炸机损失十分惨重。1943 年 8 月，约 376 架美国轰炸机在无任何护航编队的情况下突袭了德国的飞机制造厂，结果 60 架轰炸机在战斗中被击毁，而德国的飞机制造厂并未受到较大的破坏。不过，虽然美国一直到 1943 年年中的突袭都未使集中性攻击渗透到德国的领空中，却导致德国本土防御部队的重大增强，将战斗机的数量由原来的 450 架增加到了 1 100 架。

美国的四发重型轰炸机是战略轰炸机的核心，美国第一架投入使用的是在 1935 年首飞的波音 B-17“空中堡垒”轰炸机。该机从 1939 年开始系列生产，并在 1942 年进行了重大改进，到 1945 年 4 月各型 B-17 轰炸机共生产了 12 731 架。B-17 是世界上第一架全金属机身的四发轰炸机，如图 3-32 所示，是二战初期美军的主要战略轰炸机。在二战中各型 B-17 轰炸机的投弹量占美军全部投弹总数的 40%，高达 64 万吨。

图 3-32　美国 B-17“空中堡垒”轰炸机

同时代的联合 B-24“解放者”轰炸机（如图 3-33 所示）于 1939 年首飞，与 B-17 相比较，其载弹量更大、速度更快、航程更远。B-24“解放者”是二战中用途最广泛的飞机之一，它不仅是远程战略轰炸机，也是海上侦察机、反潜机、客运和货物运输机、运油机、侦察机等。B-24“解放者”的生产数量是美制轰炸机之冠，从1941年6月投产到1945年5月停产，“解放者”和各种衍生型号的总产量达到了18 188架。

图3-33 美国B-24“解放者”轰炸机

日本参战之后，美国就需要更远程的飞机，波音B-29“超级空中堡垒”就此诞生。B-29是美陆航在二战时亚洲战场的主力轰炸机，也是当时各国空军中最大型的飞机，如图3-34所示。B-29于1942年9月首飞，1944年首度投入战斗，可载弹4 t，航程5 300 km，最高速度600 km/h，是当时载弹量最大、航程最远的重型轰炸机。B-29于1945年8月6日和9日，分别向日本的广岛和长崎投放了原子弹。

图3-34 美国B-29“超级空中堡垒”轰炸机

3.4 攻击机

二战初期，只有德国和苏联空军重视将地面和空中力量相结合的打击，后来英国和美国在战争中才逐渐培养起这种作战能力。

德国的容克Ju-87“斯图卡”俯冲轰炸机有多种型号，将Ju-87取消俯冲减速板、挂载各种机炮吊舱，就改装成了攻击机，这就是容克Ju-87G。Ju-87G 1943年出现，配备了一对37 mm口径加农炮，专门攻击地面上的坦克，且其战场表现十分突出。其他的对地攻击机还包括福克伍尔夫Fw-190G系列远程攻击机和Fw-189A-4轻型对地攻击机，以及亨舍尔Hs-129攻击机等。Hs-129是一种螺旋桨单座对地攻击机，如图3-35所示，于1942年装备德国空军，主要在对苏作战时使用。虽然该机飞行性能较差，发动机不可靠，动作迟缓笨重，但强大的火力和装甲使它比较适合反坦克作战，素有“飞行开罐刀”之称。

图 3-35 德国 Hs-129 攻击机

1940 年，英法联军还没有合适的地面攻击机，于是英国最初在对地作战任务中使用“飓风”和 P-40 战斗机。虽然它们可以装载一定数量的炸弹、加农炮和机枪，但作战性能还是十分欠缺。后来，布里斯托尔“英俊战士”和“蚊”式战斗轰炸机的使用获得了相当的成功，虽然这两种轰炸机能运载一定的武器，但是在攻击的精确性上还稍显不足。

美国 A-20“浩劫”是二战中使用与生产较多的、著名的双发多座大型攻击机，1941 年 1 月开始服役，曾装备于美、苏、英等几个主要同盟国，在澳大利亚、南非、法国和荷兰也有使用。该机于 1944 年 9 月停产，共生产了 7 478 架，产量居美国攻击机前列。

自 1943 年开始，英国和美国的飞机都开始使用了不太精确但火力强大的火箭弹。英国的“飓风”战斗机和美国的 P-47“雷电”战斗机是当时英美最著名的多功能战斗机，除了在空战中表现优异外，更适合执行对地攻击任务，它们在进攻任务中具有极强的实力和耐久力。

到 1945 年，苏联已经建立了世界上最具威力的空中部队，其中包括伊-153 和苏-2 战斗机、伊尔-2“斯图莫维克”装甲攻击机以及佩特利亚科夫 Pe-2 型飞机。伊尔-2 装甲攻击机与其后续机型伊尔-10 共生产了 42 330 架，是世界航空史上单产量最大的军用飞机。伊尔-2 就像一架飞行中的坦克，如图 3-36 所示，它有着相当厚实的装甲保护，配备着颇具威力的加农炮和机枪，并满负荷配备大量火箭弹和炸弹，是著名的坦克杀手，被认为是二战期间最好的对地攻击机。“斯图莫维克”的战斗编队经常在德国阵地或坦克部队上空盘旋，并发起一次次的攻击直至目标被摧毁，而这种战术被称为“死亡盘旋”。

图 3-36 苏联伊尔-2 装甲攻击机

Pe-2 型轰炸机是苏联产量居于第 2 位的飞机（超过 11 000 架），采用双发设计，如

图 3－37 所示。Pe－2 本来是按照高空重型战斗机来设计的，后又修改为三座水平轰炸机，增加一个俯冲制动器，可以兼作俯冲轰炸机。1940 年试飞成功之后，由于速度快且可运载 3 t 重装备而被用作攻击机。

图 3－37　苏联 Pe－2 型轰炸机

3.5　舰载机

除了空军和陆军航空队可以执行空中作战任务外，海军部队也是一支不可忽视的空中作战力量。航空母舰在当时只有英国、美国和日本有条件使用，所以也只有他们拥有这一级别的舰载机。当时的舰载机主要包括舰载战斗机、舰载俯冲轰炸机、舰载鱼雷轰炸机等。舰载战斗机主要用于拦截和攻击空中目标，夺取制空权，兼对海面和岸上目标进行攻击。俯冲轰炸机以高速俯冲方式攻击敌方的地面或水面目标，主要用于战术轰炸。鱼雷轰炸机，又称鱼雷攻击机，主要通过空中释放鱼雷攻击水面舰艇和潜艇。二战中的鱼雷轰炸机一般都只能带一枚鱼雷，仅有极少鱼雷机可以携带多枚。

小知识：舰载机的机组成员数目

舰载机的机种不同，所配备的机组成员数目也不同。舰载战斗机一般配备 1 名驾驶员，舰载俯冲轰炸机配备 2 名机组成员，而舰载鱼雷轰炸机则配备 3 名机组成员。舰载鱼雷机与舰载俯冲轰炸机在机组成员数量上的差异主要源于两者攻击方式上的不同。在二战时期，舰载鱼雷机除了挂载鱼雷进行攻击外，还可以挂载炸弹进行水平轰炸。舰载鱼雷机大多采用 3 人机组，其中前面两名机组成员分别负责雷击和水平轰炸两种攻击方式，而第 3 名成员通常担任无线电员兼后部机枪手。相比舰载鱼雷机，舰载俯冲轰炸机只有一种攻击方式，即挂载炸弹进行垂直方向上的俯冲轰炸，而飞机在俯冲状态下，飞行员就可以完成瞄准、投弹，因此仅需两名乘员即可。

3.5.1　舰载战斗机

英国在二战初期的舰载战斗机比较笨拙，如双翼的“海斗士”和布莱克本“大鹏”舰载战斗机。从 1940 年开始，它们都被费尔雷“萤火虫”所取代。“萤火虫”舰载机（如图 3－38 所示）是一种多用途战斗机，可以执行战斗、攻击、侦察、夜间战斗和反潜等多种任务。

英国在海上使用过的、本土制造的最好的战斗机都是“喷火”系列的不同改进版。在军中服役的知名型号便是“海喷火”舰载战斗机(如图3-39所示)，它是英国皇家海军二战中使用的第一种本国产现代化舰载战斗机。在战争后期，在英国服役的多数舰载战斗机都是美国产的各种类型。

图3-38 英国“萤火虫”舰载战斗机

图3-39 英国“海喷火”舰载战斗机

美国战前的设计款式布鲁斯特F2A“水牛”战斗机，是太平洋战争爆发前美军装备的两种主力舰载战斗机之一，也是美国海军第一种实用的单翼可收放起落架舰载战斗机。不过“水牛”战斗机很快就被淘汰了，当时超越它的是格鲁曼F4F“野猫”战斗机(如图3-40所示)，于1940年率先在美国海军和英国皇家海军服役。“野猫”战斗机是美国海军与海军陆战队在二战爆发之际最主要的舰载战斗机，也是遏制日本“零战”神话与稳定美国在太平洋地区制空权的关键角色。“野猫”的升级款式在美军中一直服役到1945年。

图3-40 美国F4F“野猫”舰载战斗机

二战中美国最好的舰载战斗机是后来经过大型改进设计的F6F“悍妇”战斗机(又称“地狱猫”，如图3-41所示)，它是F4F“野猫”战斗机的后继型号，是二战美国海军的标准舰载战斗机。该机有着较高的机动性，最高速度可达620 km/h，有着相当不错的性能表现，成功地压制住日本“零战”而取得空中优势，成为当时美国海军的一张王牌。能与“悍妇”战机相抗衡的是钱斯·沃特F4U“海盗”战斗机，是美国在战争后期的主要舰载战斗机，比“悍妇”飞得更快，可达700 km/h，该机还可用作战斗轰炸机。

图 3-41　美国 F6F“悍妇”舰载战斗机

日本最著名的舰载战斗机均出产于三菱公司，其中的 A5M“克劳德”在 20 世纪 30 年代末服役，是日本海军第一种本国产全金属单翼舰载战斗机。该机最有名的设计是使用了倒置的海鸥型机翼，如图 3-42 所示。A5M 战机的最高速度达 435 km/h，具有固定的起落架和较高的机动性。1937 年，A5M 系列战机曾在入侵中国时广泛使用。

图 3-42　日本 A5M“克劳德”舰载战斗机

历史事件：曾在中国空域横行的“克劳德”

在 1937 年，A5M“克劳德”战斗机主要从“凤翔”号航空母舰上起飞，为轰炸机护航，入侵中国广东地区。A5M 结构紧凑，作战性能超过当时中国的战斗机，气焰十分嚣张。有时该战机即使被中国战斗机击伤，也能逃命而去。其中，日军飞行员柏村有一次在中国上空进行空战，遭到中国战斗机的撞击，他的 A5M 战斗机左翼被撞掉一大块（如图 3-43 所示），然而，该机居然摇摇晃晃成功地逃回了基地。

三菱 A6M“零式”舰载战斗机（简称“零战”，如图 3-44 所示）于 1940 年开始服役，是日本海军航空兵二战期间最著名的飞机，也是二战时日本飞机的招牌型号，在太平洋战争中自始至终都是战斗的主力。“零战”装备着 2 门 20 mm 口径的加农炮和 2 挺机枪，还有高达 950 km 的行动有效航程，具有那个时代无与伦比的战斗机动性。该机采用了当时所能采用的一切先进的理论和技术成果，具备重量轻、转弯半径小、机动灵活、火力强、航程远、速度快等优秀战斗

图 3-43　左翼被撞掉一块的“克劳德”战机

机所具有的所有优点。到了战争后期，生产最多的、更具实力的款式是 A6M5 型“零式”战机。其他著名的日本海军战机是三菱 J2M“雷电”与川西 N1K“紫电”的不同款式，它们多执行以地面为基地的作战任务。

图 3-44　日本 A6M“零式”舰载战斗机

3.5.2　舰载轰炸机

除使用舰载战斗机之外，海军部队发起空中打击的主要手段是采用舰载俯冲轰炸机和舰载鱼雷轰炸机混合编队的方式。但是这两种飞机在战斗机和防空火力面前显得不堪一击，伤亡率非常高。而这两种类型的轰炸机也只有英、美、日三国拥有。

英国的主要鱼雷轰炸机是费尔雷“剑鱼”式，于 1936 年开始投入使用，在二战立下了无数战功，是二战时期的英国皇家海军航空兵使用的主要机型之一。“剑鱼”式鱼雷轰炸机是双翼机，如图 3-45 所示，其飞行速度较慢，在满负荷状态下航程只有 880 km。该机在服役初期主要用作鱼雷轰炸机，到了二战中后期则被改装为反潜和教练机。

二战初期英国的俯冲轰炸机是布莱克本“贼鸥”型，是英国皇家海军在 20 世纪 40 年代初所使用的一种双座单发舰载飞机，是英国皇家海军航空兵所拥有的第一种全金属结构的单翼飞机，如图 3-46 所示。其飞行速度较慢，运载量只有 226 kg。

费尔雷“梭鱼”型自 1943 年初开始服役，原本设计用作鱼雷飞机，却经常被作为轰炸机使用。“梭鱼”是一架鱼雷、俯冲两用轰炸机，其外形比较独特，采用的是单发飞机中极为罕见的上单翼布局，如图 3-47 所示。

图 3-45　英国“剑鱼”式鱼雷轰炸机

图 3-46　英国“贼鸥”式俯冲轰炸机

图 3-47　英国“梭鱼”式轰炸机

美国 SBD“无畏”式(如图 3-48 所示)是三座单发舰载俯冲轰炸机。其不仅是二战时期美军三大舰载机之一,而且也是整个二战期间美军扭转太平洋战局的利器。“无畏”式虽然飞行速度较慢,但也取得过一定的战绩,且在 1945 年之前被很多部队使用过。自 1943 年末开始,“无畏”式被寇蒂斯 SB2C“地狱俯冲者”舰载轰炸机所取代。SB2C 具有更好的性能表现,是当时载重量最大的轰炸机。

美国格鲁曼公司的 TBF“复仇者”鱼雷轰炸机(如图 3-49 所示)比较结实,性能更佳,是一款非常全能的轰炸机,可以执行很多种任务,除了本身是鱼雷轰炸机之外,还可以用作水平轰炸机、侦察机、布雷机等。该机设计于 1940 年,于 1942 年投入战斗,并在战争的剩余时间里获得了比较优秀的战绩。

图 3-48　美国 SBD“无畏”式俯冲轰炸机

图 3-49　美国 TBF“复仇者”鱼雷轰炸机

日本对美国珍珠港的袭击是由“瓦尔”和“凯特”(两者的名称均为盟军代号)来实施的。爱知 D3A“瓦尔”舰载俯冲轰炸机又称 99 式舰爆,是二战初期日本海军的主要力量。虽然爱知 D3A 只具有中等的炸弹运载量(约 360 kg),但在飞行速度上达到惊人的 397 km/h。该机有着固定的起落架,如图 3-50 所示,在俯冲轰炸的时候具有较好的精准度。后来爱知 D3A 被横须贺 D4Y“彗星”舰载俯冲轰炸机所取代。

图 3-50　日本 D3A“瓦尔”俯冲轰炸机

历史事件:日本袭击珍珠港

当时,日本在东南亚地区对资源控制的一个阻碍和威胁便是来自于美国的太平洋舰队。于是,1941 年 12 月 7 日,来自日本 6 艘航空母舰的飞机对美国位于夏威夷珍珠港地区的太平洋舰队发起了突然袭击。第一波攻击使用了 183 架飞机,第二波攻击使用了 168 架飞机,攻击持续了两个小时。这次突袭,造成 2 403 名美国人丧生,停在港口的 8 艘战列舰中的 6 艘被击沉,此外还有很多舰船以及 188 架飞机被摧毁。而日军仅失去 29 架飞机、5 艘袖珍潜艇和 1 艘大型潜艇。

中岛 B5N“凯特”有两种不同的规格,一种是日本的第一代舰载轰炸机,另一种是一款航程远、载弹量大的舰载攻击机(如图 3-51 所示,又名 97 式舰攻,一般提到此型机种大多是指产量比较大的中岛 97 式舰攻)。中岛 B5N 在二战初期具有较好的表现,不仅可用于水平轰炸、鱼雷攻击,还能够进行远距离侦察,是日本海军最著名的机种之一。更新的款式是中岛 B6N“天山”舰载鱼雷轰炸机,于 1944 年 6 月面世,具有较理想的飞行距离和军械运载能力,堪称当时最佳舰载鱼雷轰炸机。

图 3-51　日本 B5N“凯特”舰载攻击机

3.6　水上飞机

二战期间,水上飞机的使用与发展达到了巅峰。大型的远距离水上飞机和小型的飞行艇(经常从船上而不是从航母上起飞)都被研制出来,水上飞机除了继续担负巡逻、护航、侦察、反潜、轰炸与射击标定任务之外,也担负对其他海上目标的鱼雷攻击,或与敌方水上飞机进行空战等任务。

小知识:飞行艇

水上飞机的一种,是一种有船体的固定翼水上飞机。水上飞机根据栖力类型可分为水栖飞机和水陆两栖飞机,而水栖飞机又分为飞行艇和浮筒飞机,也就是船身式和浮筒式。和浮筒式水上飞机不同,飞行艇主要用船身式机身产生浮力浮在水面上,而且它可以充分利用宽广的水面自由起降而不受陆地机场的限制。早期由于受制于有限的发动机技术、空气动力学水平和机场的严重缺乏，因此，能够水上起降的飞行艇在 20 世纪 30 年代成为非常主流的客机机种。20 世纪 30 年代是飞行艇的黄金时代，因为它们相对更安全，当时的大型机基本都是飞行艇。而在二战中，法国、美国和德国都拥有超过 10 种以上的飞行艇在军中服役。

二战期间，各主要参战国都装备了浮筒式水上飞机，实践证明这是一种成功的机种。美国数量最大的是 OS2U“翠鸟”水上飞机（如图 3－52 所示），于 1937 年研制成功，共制造了 1 500 架。“翠鸟”是美国海军使用的第一种可使用滑轨弹射起飞的单翼水上飞机，其最远飞行距离可达 1 300 km，可从战舰和巡洋舰上直接弹射起飞，在战争期间主要担负侦察巡逻和救援任务。

日本的双翼机三菱 F1M“0”式水上飞机，是二战中日本海军使用最广泛的水上观察机，1940 年开始使用，有着惊人的良好性能表现。而能力更强的爱知 E13A“0”式水上飞机（如图 3－53 所示），是日本海军在 1941—1945 年间使用的单发双浮筒远程水上侦察机，一共生产了 1 418 架，是日本水上飞机中产量最大的一种。E13A 拥有的 2 100 km 的飞行距离、15 小时的续航力和执行任务的通用性使得它非常成功。

图 3－52　美国 OS2U“翠鸟”水上飞机

图 3－53　日本爱知 E13A“0”式水上侦察机

德国同类型的最佳飞机是亨克尔 He－115 和阿拉道 Ar－196。亨克尔 He－115 是 1936 年首飞的双浮筒式水上飞机，因为完成各种任务的通用性极好，所以该机是德军在二战中最主要的鱼雷轰炸机和巡逻侦察机。阿拉道 Ar－196 也是双浮筒式水上飞机，如图 3－54 所示，既可水上起降，也可舰载弹射。该机在标准高度 4 000 m 时的最大航速可达 310 km/h，实用升限达到 7 000 m，远超同等级别舰载水上侦察机。

英国最常见的小型水上飞机是“海象”，可轨道弹射起飞，广泛装备于英国皇家海军的各种

图 3-54　德国阿拉道 Ar-196 水上侦察机

大型战舰。除了这些小型的水上飞机之外，很多水上飞机都更“现代化”一些，如英国的肖特“桑德兰”水上飞机。外形优雅匀称的全金属四发大型机“桑德兰”(如图 3-55 所示)是英国皇家空军的第一种单翼水上飞机，也是世界上第一种装备动力炮塔的水上巡逻机，是二战中最强大、最广泛使用的水上飞机之一。“桑德兰”可执行巡逻任务的时间长达 16 h，而其携带的武器包括深水炸弹、普通炸弹以及很多防御用的机枪。

图 3-55　英国肖特“桑德兰”水上飞机

美国的双发水上飞机是联合 PBY“卡特林娜”和马丁 PBM“水手”远程轰炸机。PBY“卡特琳娜”(如图 3-56 所示)是历史上产量最大、用途最广泛的水上飞机。其可用于反潜、轰炸、侦察、反舰、运送突击队等，堪称二战时期作战性能最广泛的飞机，也是世界上至今影响力最大的水上飞机。PBY“卡特琳娜”有多种衍生型号，总计生产了 3 300 架。PBM“水手”是一款二战

图 3-56　美国 PBY“卡特林娜”水上飞机

和冷战早期的水上巡逻/轰炸机，设计它的目的是补充 PBY“卡特琳娜”，该机比“卡特琳娜”更轻、性能更佳，有着更远的飞行距离（达 5 600 km）和更强的轰炸能力。

相比之下，日本二战中投入使用效果最好的水上飞机是四发的川西 H8K“梅维斯”型（如图 3-57 所示）的扩展款式，该机是二战时日本水上飞机中性能最先进的机型，飞行距离可达 7 000 km，并有着重型的武器装备，很难被击落。

图 3-57　日本川西 H8K“梅维斯”水上飞机

更大型的水上飞机要属德国的 BV-222“维京人”，它是二战中服役于德国空军的一款大型六发水上飞机，如图 3-58 所示。在尺寸和重量上大大超过同期其他各国研制的水上飞机，最大航程 7 000 km，连续飞行时间达到惊人的 28 h，不过它主要担负运输任务。

图 3-58　德国 BV-222“维京人”水上飞机

3.7　军用运输机

二战中，空中补给通常都是由运输机和滑翔机来实现的，空运第一次起到举足轻重的作用，运输机和滑翔机运载的部队第一次被部署到各大战役中去。

小知识：滑翔机运输

在二战中，大规模的作战需要将数支部队快速运送到战场和完成空中补给，因此就要使用运输机和滑翔机来完成此类任务。滑翔机具有运输机所不具备的优点：可以将数量庞大的部队直接运送到战场，因为它们飞行时几乎没有声音，可以实现在某个目标旁边或顶部精确着陆(如诺曼底登陆)；滑翔机运载的部队不需要经过精心挑选，也不需要任何专业的跳伞训练。尽管滑翔机表现突出，但由于缺乏动力，无法自行返回基地，在回收上造成很大的麻烦，于是很多国家又开始对滑翔机进行动力改装，出现了滑翔机和运输机逐步融合的趋势，如滑翔机 Go-242 和其动力版本 Go-244，滑翔机 Me-321 和其动力版本 Me-323 等。

3.7.1　运输机

二战初期最有名的运输机是德国的容克 Ju-52 型(如图 3-59 所示)，它配置有 3 台发动机，拥有不俗的飞行性能，并能运载 28 名全副武装的士兵。二战初期，它曾运输过很多伞兵部队，并牵引过不少滑翔机，发挥着重要的作用。由于它的外壳十分坚硬，因此它也有“容克老姑妈”“钢铁安妮”等绰号。

图 3-59　德国容克 Ju-52 型运输机

德国还拥有大型的六发运输机梅塞施密特 Me-323“巨人”，如图 3-60 所示，可以运载 21 t 货物，是二战中最大的陆上运输机。该机的飞行速度较慢，容易遭到敌方战斗机的攻击。它大容积低底板的货舱、可开放的机头门扉和多轮起落架的设计被认为是现代军用运输机的鼻祖。

图 3-60　德国 Me-323“巨人”运输机

与其他国家相比，美国使用过更多的运输机，其中较早的设计是在 DC-3 客机基础上改造完成的、服役期间称为 C-47“空中列车”的运输机，如图 3-61 所示。在所有战场上，该机共生产了 1 万余架。在用作伞兵运输时，其官方名字为 C－53“空降兵”。1942 年 5 月，C－47 及其衍生型号 C－53 开始装备于中国国民政府的中国航空公司，成为中国二战中的主要军用运输机。

图 3－61　美国 C－47“空中列车”运输机

在对日作战中美国主要使用的是寇蒂斯 C－46“突击队员”运输机（如图 3－62 所示），其飞行速度更快，可以运载比 C－47 更多的货物，但只生产了 3 300 架。二战时期，C－46 以“R5C”的型号被美陆航、美国海军和海军陆战队广泛用于军事运输。美国还拥有四发的战略运输机 C－54“空中霸王”（如图 3－63 所示）。该机是 DC－4 客机的军用型号，具有航程远、载重量大的特点，可以运载 50 名人员或重量相当的货物，主要装备于美陆航，成为其在二战中的主要远程军用运输机。

图 3－62　美国 C－46“突击队员”运输机

图 3－63　美国 C－54“空中霸王”战略运输机

3.7.2　滑翔机

使用滑翔机运输突击部队具有很大的隐蔽性，而且不必像伞降那样花费大量时间进行兵力集结，这些优势促使很多国家开始研制滑翔机。使用数量庞大的滑翔机的国家包括德、英、美等国。

德国的主要滑翔机是 DFS230 轻型突击滑翔机，可以运载包括飞行员在内的共计 10 人的负荷量。更大的滑翔机类型包括哥达 Go－242 中型滑翔机和梅塞施密特 Me－321 大型滑翔运输机，其中，Me－321 滑翔运输机（如图 3－64 所示）需要 3 架梅塞施密特 Me－110 或者特别调整的亨克尔 He－111 才能将其牵引至空中。

英国的滑翔机主要是空速公司的霍莎式滑翔机，该机采用平直翼气动布局，如图 3－65 所示，是多功能、亚声速滑翔机。该机是英国所有滑翔机中生产量最大的一种，可运输 30 名士兵和较重型的武器,或 1 挺反坦克炮,或相当重量的货物。

图 3-64　德国 Me-321 大型滑翔运输机

图 3-65　英国霍莎式滑翔机

美国的主要滑翔机是韦科 CG-4A 滑翔机,是美国制造的唯一一种投入实战的滑翔机,英国称其为“哈德良”,美国称其为“海格”。该机机头巨大,如图 3-66 所示,方便装卸车辆,可以运载 15 名全副武装的士兵或相当重量的货物。

图 3-66　美国韦科 CG-4A 滑翔机

第4章　冷战时期

二战结束后，世界进入长达40多年的冷战时期。在这一时期，以美苏为首的两大阵营进行军事对峙，航空技术和航空装备快速发展，空中力量建设被置于世界各国军队建设的首要位置。

小知识：冷战

冷战是指1947—1991年间，以美国、北大西洋公约组织为主的资本主义阵营与以苏联、华沙条约组织为主的社会主义阵营之间的政治、经济、军事斗争。当时的美国和苏联同为世界上的“超级大国”，为了争夺世界霸权，两国及其盟国展开了数十年的斗争。在这一时期，虽然分歧和冲突严重，但双方都尽力避免世界范围的大规模战争（即第三次世界大战）爆发，其对抗通常通过局部代理战争、科技和军备竞赛、太空竞赛、外交竞争等“冷”方式进行，即“相互遏制，不动武力”，因此称之为“冷战”。1991年华约解散，之后苏联解体，标志着冷战结束，同时也标志两极格局结束，前后历时共44年。

4.1　冷战时期的几次空战

据不完全统计，在整个冷战时期世界共发生局部战争和冲突约160次。其中，以朝鲜战争、越南战争、第三次和第四次中东战争、黎巴嫩战争、英阿马岛战争等最具代表性，在这几场战争和冲突中，空中力量都发挥了重要作用。

朝鲜战争于1950年6月在朝鲜和韩国的分界线——三八线爆发。朝鲜战争原是朝鲜半岛上的北、南双方的民族内战，后因美国、中国、苏联等多个国家不同程度地卷入而成为了一场国际性的局部战争，是第二次世界大战结束初期爆发的一场大规模局部战争。交战双方依次把对方逼到半岛的两端，1951年6月，交战双方退回战争爆发的原点——三八线两侧，地面战争陷入地理上的僵局。交战双方僵持不下，一直在北纬38°经线的两侧进行堑壕战，直到1953年7月达成停火协议为止。相比之下，空中战争因为能一直掠过朝鲜半岛全境，而显示出了机动飞行特有的灵活性。

朝鲜战争的空中力量基本由美国空军主导。以美国为主的联合国军的空军部队在这次战争中共发动了1 040 708次空袭，其中美军720 980次，占据了近70%。这些出动的飞机架次涵盖了几乎所有的空中力量，包括战略打击、取得制空权、封锁、近距离攻击、侦察和空运。联合国军的对手来自中国人民志愿军，志愿军空军依次出动了26 491架次战机到朝鲜上空，几乎所有战机都参与了空中作战。朝鲜战争中的空中作战，是交战双方第一次大规模使用喷气式战斗机的作战行动。

战场上美国空军进行近空攻击的主要是洛克希德 F-80 喷气式战斗机(如图 4-1 所示)。1950 年 6 月 25 日,美国空中力量如入无人之境,大量摧毁了朝鲜后方的重要目标。1950 年 12 月,中国人民志愿军空军以苏联的米格-15 飞机(如图 4-2 所示)为主要装备参战。1951 年夏,美国空军开始执行以切断朝鲜北部交通线为目的的“绞杀战”计划,中国人民志愿军空军与美军争夺局部制空权,建立起了被美国人称为“米格走廊”的制空区域,打破了美军“绞杀战”计划。

图 4-1　美国 F-80 喷气式战斗机

图 4-2　苏联米格-15 战斗机

越南战争是美国等资本主义阵营国家支持的南越(越南共和国)对抗由中国和苏联等社会主义阵营国家支持的北越(越南民主共和国)和“越南南方民族解放阵线”的一场战争,是第二次世界大战后在东南亚爆发的一场大规模局部战争。越南战争是二战以后美国参战人数最多、影响最重大的战争。

越南战争从 1955 年起到 1975 年结束,前后历时 20 年。其中,1961—1973 年为美国助越战争时期。在初始阶段,美军的空中作战范围仅限于越南南部,1964 年以后战争升级,美军使用 B-52 轰炸机(如图 4-3 所示)对越南北方实施战略轰炸,从而形成了“南打”和“北炸”两个相互联系的战场。从 1965 年 3 月开始至越战结束,美军先后发动了“滚雷”、“后卫”I 和“后卫”II 等三次大规模空中作战行动。越南战争中的空中作战有三个显著特点:一是美军大量使用直升机,最多时达到 3 500 架,显示出直升机在现代地面作战中的重要作用;二是精确制导武

图 4-3　美国 B-52 轰炸机

器第一次用于战场，显示出极高的作战效能；三是美军对“胡志明小道”的封锁，进一步显示出空中遮断作战的价值。

第三次中东战争，以色列方面称其为六日战争，阿拉伯国家方面称其为六月战争，也称六五战争、六天战争。战争始于 1967 年 6 月 5 日，共持续了六天。1967 年 6 月 5 日，以色列空军约 200 架飞机（战斗机机型主要是“幻影”Ⅲ，如图 4－4 所示）倾巢出动，采用超低空突防的方式，几乎同时飞临埃及十多个机场上空，旋即对停放在机场的埃及飞机展开突击。在三个小时之内，摧毁了埃及 19 个机场和停放在其上的约 300 架飞机，这些飞机占埃及飞机总数的 80%。埃及空军几近毁灭，以军一举夺得制空权。以色列国防军仅用 6 天时间就赢得了这场战争的胜利，堪称“先发制人”战争的一个典范。

图 4－4　法国“幻影”Ⅲ战斗机

在 1982 年的黎巴嫩战争中，以色列和叙利亚在贝卡谷地爆发了一场被载入史册的空战。在这场自朝鲜战争以来规模最大的空战中，以色列空军取得了决定性的胜利。1982 年 6 月 6 日，以色列入侵黎巴嫩，和叙利亚爆发了正面冲突。6 月 9 日下午，以色列空军出动大批无人机飞临黎巴嫩贝卡谷地上空，诱使叙利亚军队的防空雷达开机或发射导弹。另外 180 多架 F－15、F－16 和 F－4 战斗机分两批起飞直扑贝卡谷地，在 E－2C“鹰眼”预警机（如图 4－5 所示）的指挥下，对叙利亚部署在贝卡谷地的萨姆－6 导弹阵地实施强烈的电子干扰和猛烈突击，在 6 min 的时间内就摧毁了 19 个叙军导弹阵地。在失去防空雷达指引的条件下，叙利亚军队发射了 57 枚萨姆－6 导弹，但是无一命中。叙利亚随后出动了 100 多架米格－21、米格－23 战斗机准备迎敌。鹰眼预警机利用叙利亚的米格战斗机只有前后的雷达报警系统、缺乏侧面和上下报警装置这一缺点，指挥以色列战斗机从侧面发动进攻；加上强烈的电子干扰使叙利亚的

图 4－5　美国 E－2C“鹰眼”预警机

地面指挥中心无法引导米格战斗机应对来袭的以军战斗机。在这场空中大混战中，战局呈现一边倒的局面，叙利亚战斗机接二连三地被击落，因此也被称为“贝卡谷地火鸡大猎杀”。在整个作战行动中，以色列空军击落叙机 82 架，自己没有一架飞机被叙机击落，仅有 9 架飞机被叙军地面武器击落。以色列空军 82:0 的奇迹在世界上轰动一时。

4.2　喷气式飞机的出现

二战结束之前，战斗机基本上是螺旋桨飞机的天下，其动力装置是活塞式航空发动机。二战后期飞机的最大速度达到了 780 km/h，这一速度是活塞式螺旋桨飞机的速度极限。通过提高螺旋桨转速来增大飞行速度已经非常困难，喷气发动机在这种情况下便应运而生，装载活塞式发动机的飞机最终也被新式的喷气式飞机所超越。1945 年之前，几乎所有主要国家都在忙着研究喷气式飞机，然而只有德国和英国在二战结束前的战斗中使用过喷气式飞机。

德、英两国在 20 世纪 30 年代末期先后发明了涡轮喷气发动机，并用在新研制的作战飞机上。世界上第一架装有涡轮喷气发动机的飞机是 1939 年由德国的亨克尔设计的 He-178 战斗机(如图 4-6 所示)，8 月 29 日首飞时就达到了 700 km/h 的速度。英国研制的第一种涡轮喷气式飞机是 E28/39 型，于 1941 年 5 月 15 日首飞，比德国的 He-178 晚了 1 年零 9 个月。

图 4-6　世界上第一架喷气飞机 He-178

德国的梅塞施密特 Me-262(如图 4-7 所示)是二战末期的一种喷气式飞机，装备喷气式发动机，并采用后掠翼气动布局。该机于 1942 年 7 月首飞，于 1944 年夏末首度投入实战，是人类航空史上第一种投入实战的喷气式战斗机。该机与同一时期英国制造的“流星”战斗机齐名。

图 4-7　德国 Me-262 喷气式战斗机

英国的格洛斯特“流星”战斗机(其原型机为 E28/39)是下单翼、常规布局、双发、全金属飞机，如图 4－8 所示，是二战中盟军唯一投入实战的喷气式战斗机。该机于 1943 年 3 月首飞，于 1944 年 7 月参加实战。

图 4－8　英国“流星”喷气式战斗机

美国的第一架喷气式战斗机是贝尔 P－59“空中彗星”，于 1942 年 10 月首飞，但未参加过任何实战。

德国的阿拉道 Ar－234“闪电”轰炸机是世界上第一种实用的喷气式轰炸机，如图 4－9 所示。然而，Ar－234 主要是担任侦察机的角色，这是因为它的速度性能使其几乎不可能被敌机拦截。

图 4－9　德国 Ar－234“闪电”轰炸机

此时，这些飞机的喷气技术还处于早期阶段，并不成熟，所以喷气式飞机对二战的进程和结局并没有产生明显的影响，但却宣告了航空史上喷气飞行新时代的到来。

1944 年，美国的 F－80 喷气式战斗机（其绰号也是“流星”，原军用编号 P－80，如图 4－1 所示）开始交付使用，其最大速度达 935 km/h。F－80 战斗机是美国第一种大量生产并服役的喷气式战斗机，也是美国喷气式战斗机中第一种有击落敌机记录的型号。

1945 年 5 月，苏联研制出雅克－15 和米格－9 喷气式战斗机，于 1946 年 4 月同时首飞，并开始批量生产装备苏军，这是苏联第一批喷气式战斗机。雅克－15 是由雅克－3U 活塞式的金属机身加喷气式发动机改装而来，该机几乎全用作教练机来使飞行员适应喷气式战斗机。米格－9 战斗机的气动布局为单座、双发、机头进气、中单翼、平直机翼，如图 4－10 所示。该机除装备苏联空军外，还曾出口到中国。以上这些美国和苏联的喷气式飞机当时还都是采用的直机翼布局。

到 1948 年，苏联研制出的一种高亚声速战斗机米格－15（如图 4－2 所示）开始批量生产并装备部队。在 20 世纪 50 年代初的朝鲜战争中，该机首次大规模投入空战，显示了良好的飞行和作战性能。此后，美国研制出的 F－86“佩刀”战斗机（如图 4－11 所示），是二战后美国研制的一种单座、单发、后掠翼、亚声速喷气式战斗机。它们是第一种采用后掠翼的战斗机，使飞机的速度突破了 1 000 km/h。

图 4-10　苏联米格-9喷气式战斗机

图 4-11　美国 F-86 后掠翼战斗机

4.3　飞机突破“声障”

20 世纪 40—50 年代是喷气式飞机迅速发展的年代。人们通过实践发现，飞机的飞行速度在接近声速时，由于局部气流速度达到声速而产生了局部激波，阻力急剧增大，飞机的飞行速度变得难以再提高，这种速度障碍称为”声障”。当时很多人认为声速是航空器的极限速度。

4.3.1　声　障

在第二次世界大战中，战斗机的设计已经相当成熟。当时单台发动机的动力已超过 1 000 马力（1 马力=735.499 W），飞机的平飞速度已达声速的一半，而当飞机俯冲时，可以超过声速的 0.7 倍。在俯冲情况下发现飞机有自发栽头和尾翼强烈抖振现象，使整个飞机有破碎的危险。后来经研究发现，“声障”出现的根本原因在于即使飞机飞行速度还在亚声速范围内，机翼表面上仍然会出现小区域的超声速流动，并产生局部激波。

如图 4-12 所示，来流（A 点）速度以小于声速流向机翼，翼型上表面比下表面凸些，B 点为上表面最高点区域。根据流动的质量连续性定理，由于 B 点处的截面通道面积最小，故 B 点处流速最大。如果继续提高 A 点的来流速度，B 点处的流速也将随之增大。当 A 点速度提高到某个值（但仍小于声速）时，B 点处的流速将等于该点的当地声速即 $Ma_B=1$。此时，A

点处的来流速度称为该翼型的临界速度，相应的马赫数称为临界马赫数，可用 Ma_{lj} 表示。注意：临界马赫数的值是小于 1 的。

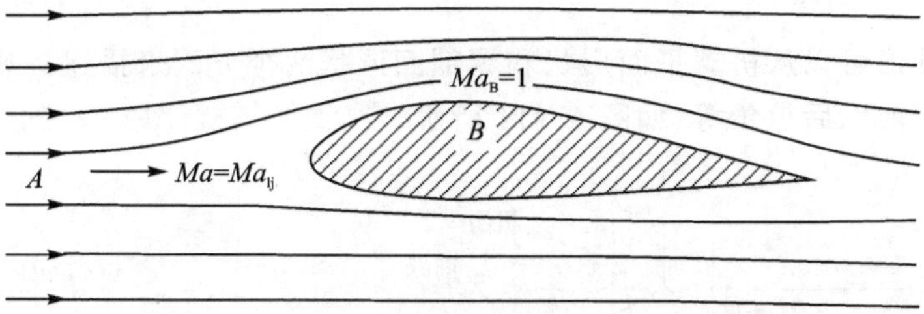

图 4-12　翼型的临界速度和临界马赫数概念

小知识：马赫数

马赫数，也称“马氏数”、“M-数”，因奥地利物理学家恩斯特·马赫而得名。马赫数是一个无量纲的数。马赫数越大，介质的压缩性的影响越显著。马赫数可以用来综合表征运动气流的可压缩特性，它等于气流的速度与当地声速的比值，即 $Ma=v/a$。由于马赫数是速度与声速之比值，而声速在不同高度、温度等状态下又有不同数值，因此马赫数如果作为速度单位来使用，则必须同时给出高度和大气条件（一般缺省为国际标准大气）。在飞机的飞行中，当考虑空气压缩性影响时（一般在 $Ma=0.3$ 以上），经常使用马赫数作为速度单位；当不考虑压缩性影响时，则可使用 km/h、mph、m/s 等单位。

当飞机的飞行速度超过了机翼的临界马赫数值时，机翼上最高点附近区域就会出现局部超声速流，为使流速降下来并按亚声速往后流动，在那个区域便会产生一道局部正激波，如图 4-13 所示。由于激波升压后容易引起气流分离加剧，使得飞行阻力明显增加，升力下降，并且流经机翼和机身的气流变得明显紊乱，飞机剧烈抖动，飞行操纵困难，这就是所谓的“声障”现象。

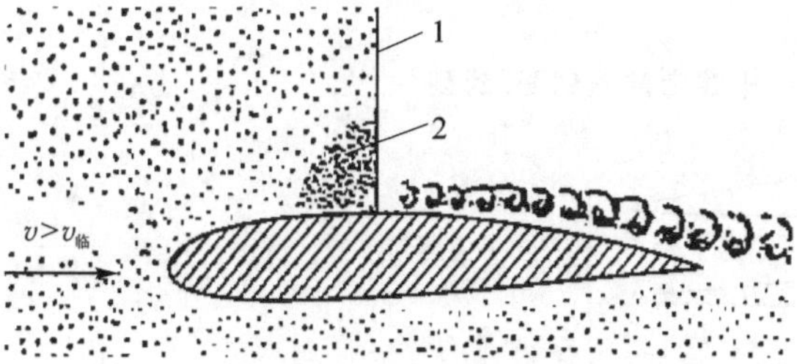

1—正激波；2—局部超声速流

(a) 翼型情况

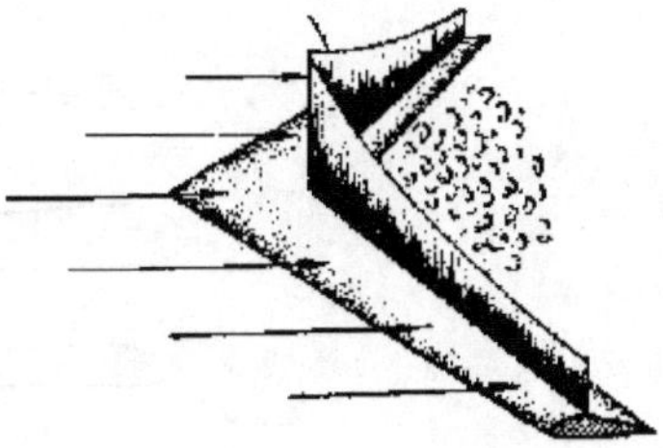

(b) 机翼整体情况

图 4-13　最高点附近局部超声速流和局部激波

飞机高亚声速飞行时，机翼局部激波和波阻的出现是发生“声障”现象的根本原因，这一点被认识到后，人们通过采取综合技术措施（机翼外形、发动机推力、主动控制），解决“声障”带来的问题，以达到可以接受的程度，使飞行能够平稳地跨越声速而实现超声速飞行。

4.3.2 机翼的外形

机翼的几何外形可以从机翼平面形状和翼剖面形状两个方面来描述。典型的机翼外形主要包括翼展、翼弦、前缘后掠角等，如图 4-14 所示。

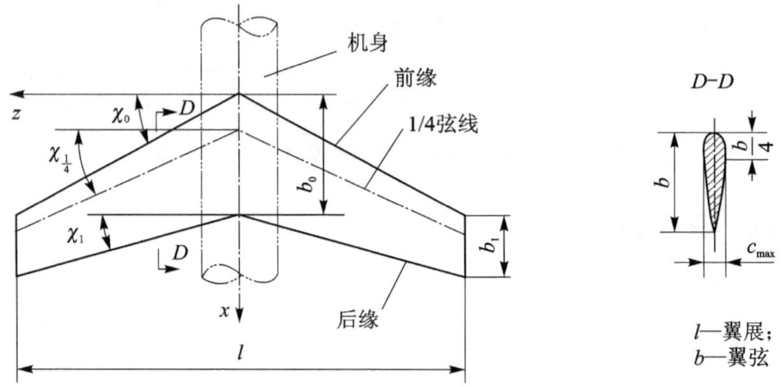

图 4-14 机翼的几何形状参数

沿平行于飞机对称平面的切平面切割机翼任意位置所得到的剖面（如图 4-15 所示）都是翼剖面，也就是翼型。翼型形状对飞机设计具有非常重要的意义，它直接影响着飞机的气动性能与飞行品质。对不同飞行速度的飞机来说，应采用不同的翼型形状，如对称翼型、不对称翼型、圆头尖尾型或尖头尖尾型等，如图 4-16 所示。

图 4-15 机翼上的翼剖面/翼型

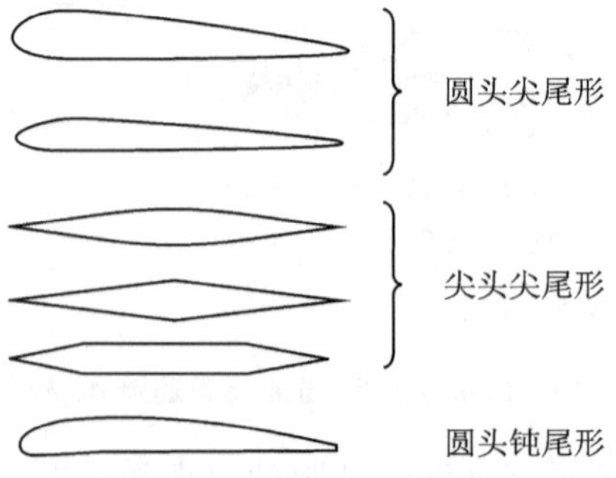

图 4-16 不同翼型的几何形状

对于低亚声速飞机，为了提高升力系数，可采用圆头尖尾形的翼型。对于高亚声速飞机，为了提高机翼临界马赫数，通常选用相对厚度较小、最大厚度靠近翼弦中部附近的超临界翼型等。对于超声速飞机和高超声速飞行器，为了减小机翼激波阻力和流动损失，大多采用尖头尖尾的薄翼翼型。

从机翼的平面形状来看，机翼有平直翼、后掠翼、三角翼、变后掠翼、边条翼、前掠翼等多种不同的形状，如图 1－11 所示。随着对空气动力学理论研究的深入并通过相关实验总结可知：在低速情况下，大展弦比平直机翼的升力系数较大，诱导阻力小；在亚声速飞行时，后掠机翼可延缓激波并减弱激波的强度，从而减小波阻；在超声速飞行时，激波不可避免，但采用小展弦比机翼、三角形机翼、边条机翼等对减小波阻比较有利。基于以上结论，通常：低速和亚声速飞机可采用展弦比大的平直机翼或后掠角小的梯形机翼，一般展弦比为 6～9，后掠角小于 35°，由此可获得较大的升力系数，同时使诱导阻力减小；在跨声速飞机上，可采用后掠机翼，以此来延缓激波的产生、减小波阻；在超声速飞机上，可以采用小展弦比后掠机翼、三角形机翼、边条机翼等来减小波阻。

4.3.3　后掠翼

当气流以速度 v 流过平直翼上时，如图 4－17(a)所示，整个速度都用于产生升力，v 此时即为有效速度。然而，气流以同样速度 v 吹到后掠翼上时，如图 4－17(b)所示，由于机翼前缘不再与来流方向垂直，对于升力产生而言，这时只有垂直于机翼前缘的分速度 v_n 才是有效速度；而另一个沿着机翼的分速度 v_t 与机翼表面摩擦阻力的产生相关，对升力的产生没有贡献。因此，作用到后掠翼上的实际有效速度 v_n 比飞行速度 v 减小了。如果对平直翼来说，速度 v 已经达到临界速度，则在其上就有可能产生局部激波和波阻；而对后掠翼来说，还必须把速度 v 再提高一些，才能达到临界速度，才会在机翼上产生局部激波和波阻。因此后掠翼可以提高飞机的临界马赫数，推迟局部激波的产生。

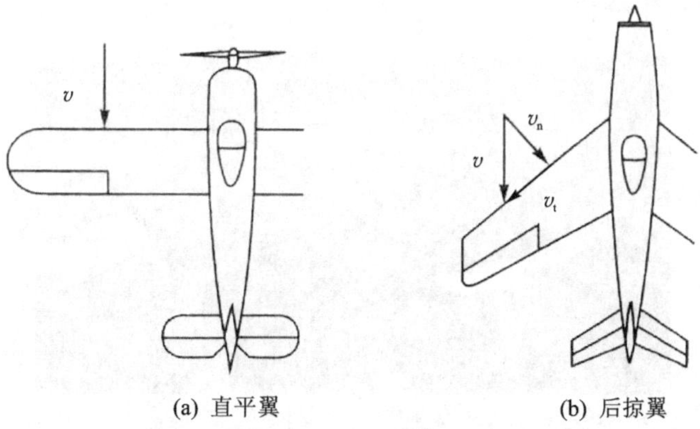

图 4－17　后掠翼与平直翼有效速度对比

现代超声速飞机的机翼后掠角一般在 30°～60°之间。机翼的后掠角越大，相同飞行速度下作用在机翼上的有效速度就越小，临界马赫数也就越大。例如，与平直机翼相比，当机翼后掠角为 45°时，临界马赫数可提高 20％；后掠角为 60°时，可提高 41％。

当飞行速度超过临界马赫数后，机翼上产生的阻力随马赫数的增大变化也较为平缓。这是由于后掠翼的气动力主要是由有效速度 v_n 的大小决定的。有效速度所引起的阻力 D_n 的方向与 v_n 的方向一致，即垂直于机翼前缘方向，如图 4－18 所示。但是，飞行时阻碍飞机前进的阻力方向应与飞行速度方向平行，若将有效速度引起的阻力分解到平行于飞行速度方向，此分力 D 才是后掠翼的阻力。因此，在相同的飞行速度下，后掠翼的阻力要比平直翼的阻力小。

随着高速空气动力学理论和飞机设计技术的进步，1947 年 10 月 14 日，美国 X－1 研究机（如图 4－19 所示）首次突破了"声障"，速度达到 1 078 km/h。从此，人类开始进入超声速飞行的新时代。

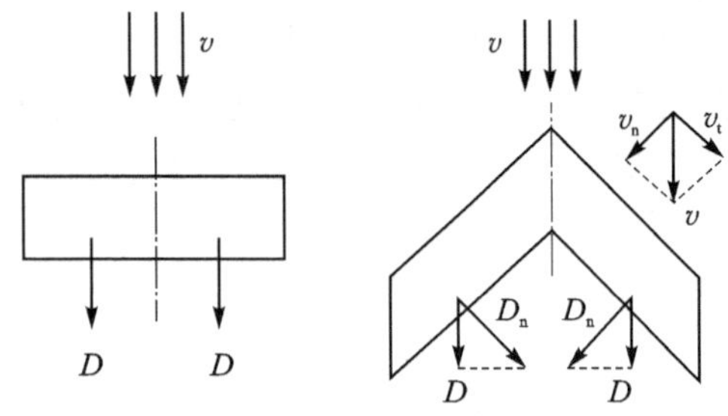

图 4－18　后掠翼与平直翼阻力比较

图 4－19　美国 X－1 超声速研究机

4.4　超声速飞机

世界上第一种实用型超声速飞机是美国的 F－100"超级佩刀"战斗机（如图 4－20 所示），该机在 1953 年 5 月 25 日创造了 1 215 km/h 的飞行速度纪录。该机于 1953 年 9 月开始装备部队，主要作为战斗轰炸机使用。随后，便出现了第一代超声速战斗机的概念，并对其后逐渐出现的各型战斗机进行了分代。

图 4－20　美国 F－100 超声速战斗机

在军用飞机中，战斗机是装备数量最多、应用最广、发展最快的机种，其研制水平往往代表了航空技术的发展水平。随着航空技术的进步，战斗机也在不断地升级，对战斗机进行分代也是必要的，美国和俄罗斯都分别制定了各自的分代标准。本书采用传统的战斗机"四代"分法（即超声速战斗机分代法）对战斗机进行分代。

小知识:战斗机的分代

目前,“四代”和“五代”是两种主要的战斗机分代方法。传统的战斗机四代分法其实是超声速战斗机的划代法,也是除俄罗斯以外的国家普遍采用的划代法。俄罗斯的“五代”分法是把传统“四代”分法中的第二代又分为两代,即把可变后掠翼的战斗机如米格-23 等单独划分一代称之为第三代。在 2008 年,美国《空军》期刊又提出了一种“六代”法,即把最早的喷气式战斗机列为第一代(F-80、Me-262 等),把后掠翼战斗机列为第二代(F-86、米格-15 等),把超声速战斗机(包括低超声速和 Ma2.0 一级的战斗机)列为第三代(F-4、米格-17、米格-21 等),第四代与“四代”法中的第三代一致,第五代与“四代”法中的第四代一致,而第六代则是设想中的具有高超声速的战斗机。这种分代方法可以说是喷气式战斗机的划代法,有人称其为新“五代”法。目前很多媒体在进行报道时普遍采用新“五代”法,而本书则沿用超声速战斗机划代法,即传统的“四代”法。各种分代方法对比如表 4-1 所示。

表 4-1　战斗机分代方法

<table>
<tr><th rowspan="2">各代战斗机主要特征</th><th colspan="2">“四代”划代法</th><th colspan="2">“五代”划代法</th><th colspan="2">新“五代”划代法</th></tr>
<tr><th>代　序</th><th>典型机型</th><th>代　序</th><th>典型机型</th><th>代　序</th><th>典型机型</th></tr>
<tr><td>全方位隐身能力</td><td>第四代</td><td>F-22、F-35</td><td>第五代</td><td>研制中的新一代战斗机</td><td>第五代</td><td>F-22、F-35</td></tr>
<tr><td>高机动性</td><td>第三代</td><td>F-14、F-15、F-16、F/A-18、米格-29、苏-27、苏-35、幻影 2000、阵风、台风、JAS-39、歼-10、歼-11 等</td><td>第四代</td><td>米格-29、苏-27、苏-35</td><td>第四代</td><td>F-14、F-15、F-16、F/A-18、米格-29、苏-27、苏-35、幻影 2000、阵风、台风、JAS-39、歼-10、歼-11 等</td></tr>
<tr><td rowspan="2">Ma2.0 一级</td><td rowspan="2">第二代</td><td rowspan="2">F-104、F-4、米格-21、米格-23、幻影Ⅲ、萨博-37、歼-8 等</td><td>第三代</td><td>米格-23 变后掠翼战斗机</td><td rowspan="3">第三代</td><td rowspan="3">米格-19、米格-21、F-100、F-104、F-4、幻影Ⅲ、萨博-37 等</td></tr>
<tr><td>第二代</td><td>米格-21</td></tr>
<tr><td>低超声速</td><td>第一代</td><td>F-100、米格-19</td><td>第一代</td><td>米格-19</td></tr>
<tr><td>高亚声速、后掠翼</td><td></td><td></td><td></td><td></td><td>第二代</td><td>F-86、米格-15</td></tr>
<tr><td>早期喷气式</td><td></td><td></td><td></td><td></td><td>第一代</td><td>He-178、Me-262、流星、F-80</td></tr>
</table>

4.4.1　第一代战斗机

随着喷气技术突破性的进展,将 20 世纪 40 年代末、50 年代初出现的一批战斗机称为第一代战斗机。第一代战斗机的主要特征为高亚声速或低超声速，采用机头进气和大后掠角梯形机翼，装有带加力燃烧室的涡轮喷气发动机（起飞推重比多在 0.5～0.6 之间），带大口径航炮和火箭弹，后期装备第一代空空导弹和机载雷达。第一代战斗机的代表机型有美国的 F-86、F-100 和苏联的米格-17、米格-19 等。

米格-17 是在米格-15 基础上发展而来的一种单座高亚声速战斗机，采用后掠翼常规气动布局，1952 年进入苏联空军服役，后来逐渐被超声速的米格-19 战斗机所取代。米格-19 是一种单座、双发、喷气式、后掠翼战斗机，如图 4-21 所示，于 1954 年 3 月进入苏军服役，是世界上第一种进入批量生产的超声速战斗机。

图 4-21　苏联米格-19 战斗机

4.4.2　第二代战斗机

由于第一代战斗机具有升限、加速性、爬升率不够高，武器系统和机载设备相对简单，作战能力不足等缺点，为此，各国开始发展"高空高速"战斗机。20 世纪 50 年代末、60 年代初，一批 2 倍声速的战斗机相继出现，它们被称为第二代战斗机。第二代战斗机的主要特征是最大平飞速度达到 2 倍声速、升限达 20 000 m 以上，采用小展弦比薄机翼和细长机身的气动外形，采用大推力新型涡喷发动机或涡扇发动机（起飞推重比达到 0.8 左右），装备独立的航空电子设备系统，以航炮和第二代空空导弹为主要武器，中、高空飞行性能较好。第二代战斗机的代表机型有美国的 F-104、F-4，苏联的米格-21、米格-23，中国的歼-8、英国的"闪电"、法国的"幻影"Ⅲ和瑞典的萨博-37 等。

美国的 F-104"星"式战斗机（如图 4-22 所示）是世界上第一种速度达到 2 倍声速的战斗机，并在 20 世纪 60 年代长期保持爬升率与最大升限的世界纪录。F-4"鬼怪"战斗机（如图 4-23 所示）是一种双座、双发、全天候、远程、超声速防空截击机，该机各方面的性能较均衡，不仅空战性能好，对地攻击能力也不弱，是冷战时期的主要战斗机。

苏联的米格-21 战斗机采用单座三角翼气动布局（如图 4-24 所示），是 20 世纪 60 年代苏联空军的主力制空战斗机，原型及其改进型（包含仿制、改良型）共生产了 10 000 多架，是 20 世纪产量、装备最多的喷气战斗机之一。米格-23 战斗机采用单座可变后掠翼气动布局（如图 4-25 所示）。该机的突出性能是飞行速度快，高空时达 2.35 倍声速，是设计师米高扬一生中最后一个亲自设计的项目。

图 4－22　美国 F－104 战斗机

图 4－23　美国 F－4 战斗机

图 4－24　苏联米格－21 战斗机

图 4－25　苏联米格－23 战斗机

英国的“闪电”战斗机是英国自主设计制造并服役的第一种 2 倍声速的战斗机，也是冷战时期英国第二代喷气式战斗机的代表。虽然该机航程较短，载弹量不大，但仍是一种强劲、令人印象深刻的战斗机。这种深刻的印象不仅仅来自于它出众的性能，而且也来自于该机怪异的设计，其外形如图 4－26 所示。该机最突出的特点是上下并列的发动机，上下并列两台发动机的直接后果就是抬高了机身与座舱，也加大了机翼的净面积。

图 4－26　英国“闪电”战斗机

小知识：众多的“闪电”战斗机

除了英国的“闪电”战斗机之外，取名为“闪电”的战斗机还有好几种：一种是二战时期美国著名的 P－38“闪电”战斗机；一种是伊朗 1979 年自行研制的“闪电”战斗机；还有一种是美国新一代的 F-35 隐身战斗/攻击机，称为闪电 II 型。除了以上几款战斗机之外，德国的阿拉道 Ar-234 轰炸机也叫“闪电”。

法国的“幻影”Ⅲ战斗机采用单座、单发、无平尾、三角翼布局（如图 4-4 所示），其主要任务是截击和制空，也可用于对地攻击，是法国空军在 20 世纪 60—70 年代的主力战斗机。1956 年 11 月“幻影”Ⅲ原型机首次试飞，在第 7 次试飞中最大平飞速度就达到了 1.52*Ma*，并于 1958 年 10 月的试飞中首次突破 2*Ma*，成为第一种飞行速度超过 2*Ma* 的欧制战斗机。“幻影”Ⅲ于 1960 年后开始交付使用，该机凭借其高可靠性和极高的性价比而出口多个国家。

瑞典的萨博-37 战斗机是一种单座全天候截击机，兼有对地攻击能力。该机采用独特的三角翼近距耦合鸭式气动布局，如图 4-27 所示，具有起降性能好、用途广泛等特点。比较特殊的是，萨博-37 的前置鸭翼本身是固定的，后缘却带有可动襟翼，这一点与其他鸭式布局的飞机有很大区别；再加上其面积巨大，以至很多人都认为它是“超声速双翼战斗机”。

图 4-27　瑞典萨博-37 战斗机

4.4.3　第三代战斗机

随着世界航空格局的快速变化，“高空高速”战斗机已经无法满足现代空战的需求。因此，自 20 世纪 70 年代末开始，随着主动控制技术和推重比 8 一级的涡扇发动机的应用，出现了具备中空高机动性的第三代战斗机。第三代战斗机的主要特征是一般采用边条翼、前缘襟翼、翼身融合等先进气动布局以及电传操纵和主动控制技术，装单台或双台加力式涡扇发动机（本身推重比达到 8.0 左右，起飞推重比接近或超过 1.0），具有高的亚声速机动性，配备多管速射航炮和先进的中距、近距格斗导弹，一般装有脉冲多普勒雷达和全天候火控系统。其最大飞行速度和高度与第二代相比优势不大，但中低空亚声速和跨声速机动性突出，并具有超视距作战和下视下射能力。第三代战斗机的代表机型有美国的 F-14、F-15、F-16、F/A-18，苏联/俄罗斯的米格-29、苏-27，法国的“幻影”2000 等。

美国的 F-14“雄猫”是一款超声速多用途舰载战斗机，采用双座、双发、双垂尾、变后掠、中单翼布局，如图 4-28 所示，主要执行舰队防御、截击、打击和侦察等任务。1970 年 12 月原型机首飞，1972 年 5 月交付使用。1987 年，装备改进型发动机的 F-14B 正式投产，用于替换海军的 F-4“鬼怪”。F-14 是美国在冷战时期为对付苏联远程轰炸机而设计的，主要部署在航空母舰上。它的特点是速度快，时速可达 1 443 km/h，是美国第三代战斗机中火力最强的机种，也是最早具有多目标跟踪和打击能力的战斗机。

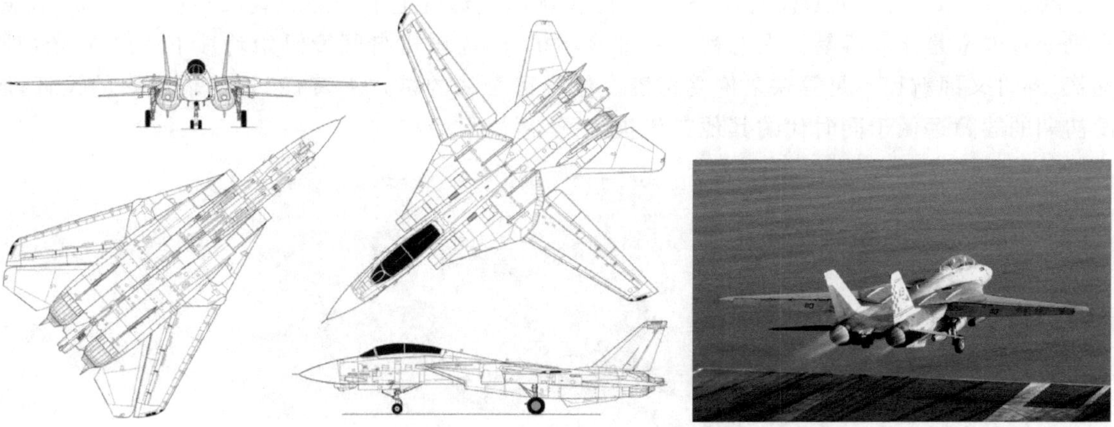

图 4-28　美国 F-14 变后掠战斗机

F-15“鹰”式采用串列双座后掠翼气动布局，如图 4-29 所示，是世界上第一种成熟的第三代战斗机，于 1972 年 7 月首次试飞，1974 年首架量产型交付美国空军使用。F-15 战斗机的优势是具有比以往任何一种战斗机都要优越的机动性、操纵性、航程、火力和电子设备。F-15 战斗机是为替换在越南战场上问题层出的 F-4 战斗机，并针对夺取和维持空中优势而诞生的，而且其在对地作战中也有非常不错的表现，总体来说是一款极为优秀的多用途战斗机。

F-16“战隼”采用单座单发布局，如图 4-30 所示，是一种喷气式多用途战斗机，也是世界上最成功的战斗机之一。该机于 20 世纪 70 年代研制，是美国空军 20 世纪 80—90 年代的主力机种之一。该战斗机根据越南战争空战经验大幅度优化了视距内格斗性能，是美国第一种能够进行 9G 过载机动的战斗机，也是美国首先采用电传飞控、人体工程学座舱的战斗机之一。该机从 1976 年开始批量生产，共生产近 4 600 架，销售近 30 个国家和地区。从 1981 年贝卡谷地空战以后几乎参与了历次大规模战争，其性能经受住了实战考验。

图 4-29　美国 F-15 战斗机

图 4-30　美国 F-16 战斗机

F/A-18“大黄蜂”采用单座/串列双座后掠翼气动布局，如图 4-31 所示，是一种多用途舰载战斗机。F/A-18 是美国第一种兼具战斗机与攻击机身份的型号，具备优秀的对空、对地和对海攻击能力。该机的主要特点是可靠性和维护性好，生存能力强，大仰角飞行性能好以及武器投射精度高。F/A－18原型机于1974年6月首飞，1983年进入美国海军服役。2006年7月28日F－14战斗机退役后，其成为当时美国航空母舰上唯一的舰载战斗机。F/A－18战斗机一直以来是比较容易让人忽视的一种战斗机，因为该机自服役伊始就被F－14的光芒所遮蔽，同时又因航程不足等缺陷饱受指责。但不可否认的是，“大黄蜂”是比较成熟的设计，服役初期的故障远低于同时代的其他三代机。

图4－31　美国F/A－18舰载战斗机

苏联/俄罗斯的米格－29是一种轻中型、双发、具前线空中优势的战斗机，采用升力体机身和边条翼融合设计，如图4－32所示。米格－29于1977年10月6日首飞，1982年投入批量生产，1983年开始装备部队。其改型多达20余种，曾外销至30多个国家，总产量超过1 600架，是一款出色的多用途战斗机。

苏－27“侧卫”是一种单座、双发、全天候、具空中优势的重型战斗机，采用翼身融合体技术，悬臂式中单翼，翼根处有光滑弯曲前伸的边条翼，双垂尾正常式布局，如图4－33所示。该机气动外形流畅，机动性高，作战半径优越，是俄罗斯军机中最成功的机型。苏－27于1977年5月首飞，1979年设计定型，1982年量产，1985年开始在苏联空军中服役。苏－27服役后首次亮相便是在发生于1987年巴伦支海上的“空中手术刀”事件。此后，苏－27还多次在航展上展示西方战斗机做不出的高难度空中动作，其中最有名的就是惊世骇俗的“普加乔夫眼镜蛇”机动动作，起到了不战而屈人之兵的威慑作用。性能先进、威力强大的苏－27战斗机装备苏联空军和防空军之后，在技术上和战术上都给冷战时期的西方国家带来了很大压力。

图4－32　苏联米格－29战斗机

图4－33　苏联苏－27战斗机

历史事件:"巴伦支海空中手术刀"事件

1987 年 9 月 13 日,在波罗的海巴伦支海上空,北约成员国挪威空军的一架 P-3B 反潜机在苏联沿岸执行空中侦察任务。P-3B 与一架过去从未见过的苏联新式战机遭遇,在遭受这架苏军战机 2 次驱逐后,这架苏军战机第 3 次逼近 P-3B,在稍加调整位置和方向后,猛然加力,从 P-3B 的右翼下方高速掠过,它的垂尾尖端撞上了 P-3B 右侧外侧引擎的螺旋桨叶片,损坏的桨叶中一条 11 厘米的碎片在强大的惯性下被甩出去击穿了 P-3B 机身,碎片像手术刀那样将 P-3B 右翼外侧的发动机割开一个大口子,P-3B 在关掉一号发动机后才侥幸勉强返航。这就是冷战时期著名的"巴伦支海空中手术刀"事件,那架首次出现的神秘的苏联战机,就是日后大名鼎鼎的苏-27,而这次冲突,被作为最著名的苏军空中撞击战例载入史册。

小知识:"普加乔夫眼镜蛇"机动

眼镜蛇机动是著名的过失速机动动作。1989 年 6 月的巴黎国际航展上,苏联著名试飞员维克多尔·普加乔夫第一次在全世界面前表演了眼镜蛇机动,震惊全场,因此这一机动动作又被称为"普加乔夫眼镜蛇"机动。其实"普加乔夫眼镜蛇"机动动作是普加乔夫于 1988 年创立的。当时,苏霍伊设计局在试验苏-27 失速的大迎角极限中,普加乔夫在危急情况下转危为安,并因此而创立了这种机动动作。在飞行试验中,战机在 15 km 高空失速状态下急速下降,但普加乔夫镇定自若,继续留守并在距离地面 800 m 的时候奇迹般地启动了发动机,并且将战机改成平飞。在他的操控下,急速跃升的机头不断上扬,并达到了 120°的大迎角,高高扬起的机头,就像一只眼镜蛇,从而诞生了惊世骇俗的"眼镜蛇机动动作"(如图 4-34 所示)。

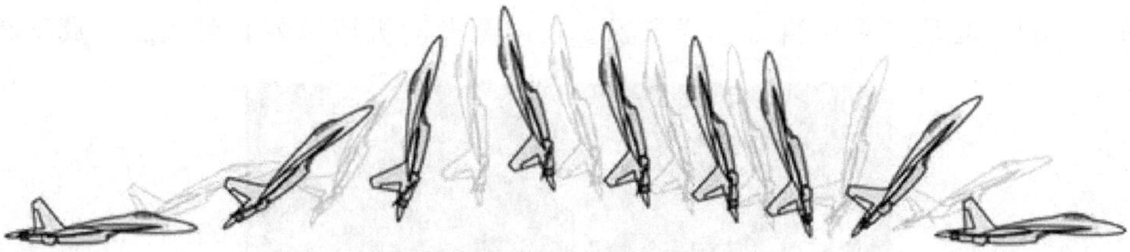

图 4-34　眼镜蛇机动动作分解示意

法国在二战之后研制的"幻影"系列战机凭借着优异的性能和可靠性曾经风靡全球,在战斗机领域占有着重要地位。法国的"幻影"2000 是在"幻影"Ⅲ的基础上改进而来的一种不带前翼的单发、三角翼、多用途战斗机,如图 4-35 所示。"幻影"2000 是法国第一种第三代战斗机,是世界上唯一采用无尾三角翼布局的现役战斗机。"幻影"2000 战斗机于 1975 年开始研制,1978 年首飞,1983 年服役。该机总产量 600 多架,除装备法国外,还出口印度、埃及、希腊、秘鲁、卡特尔、阿联酋等国,中国台湾也列装了这款战机。

图 4-35　法国“幻影”2000 战斗机

4.5　新式飞机层出不穷

在冷战时期，世界空中力量的装备和构成发生了重大变化：一是喷气发动机的实用化，极大提高了飞机的飞行速度与机动性，使作战性能大幅度提升；二是机载武器和机载探测系统、火控系统的发展，使作战飞机具备了超视距攻击能力；三是空中预警机、空中加油机、无人机和电子战飞机的快速发展，使空中作战效率提高，远程作战得以实现，作战样式更加丰富。在这一时期各种新式飞机不断出现，其中包括新型轰炸机、三倍声速飞机、变后掠翼飞机、垂直起降飞机、隐身飞机和各类特种用途飞机等。

4.5.1　新型轰炸机

在第一代超声速战斗机出现期间，还出现了一批高亚声速的轰炸机，如美国的 B-47 和 B-52 轰炸机、苏联的图-16 轰炸机等。B-47“同温层喷气”轰炸机是世界上第一种实用的战略喷气式轰炸机。1947 年 12 月首飞，1948 年开始批量生产，1951 年正式服役。B-47 轰炸机采用细长流线形机身，机翼为大后掠角上单翼，翼下吊挂 6 台涡轮喷气发动机，如图 4-36 所示，平尾位置稍高，起落架采用自行车式布置。在内侧发动机短舱装有可收放的翼下辅助起落

图 4-36　美国 B-47 轰炸机

架。随着 B-52 轰炸机、B-58 轰炸机等后继机型开始服役，B-47 轰炸机于 1957 年逐渐退出现役。

B-52“同温层堡垒”是一种具有 8 台发动机的远程战略轰炸机，如图 4-37 所示，于 1955 年批量生产并开始交付使用，到 1962 年停产，总共生产了 744 架，先后发展了 B-52A、B、C、D、E、F、G、H 等 8 种型别。B-52 现役 76 架，仍然是美国空军战略轰炸的主力。这款轰炸机之所以能保持如此长时间的战斗执勤状态，主要得益于以下两点：一是 B-52 轰炸机能够搭载并发射巡航导弹，这一优势是当前美军所有轰炸机编队中所独有的；二是 B-52 轰炸机具备超远航程，能够装填大量弹药，8 台涡扇发动机确保其能够有效负荷 220 t 的重力，并以 1 000 km/h 的速度执行超过 16 000 km 的巡航任务。

图 4-37　美国 B-52 轰炸机

图-16 轰炸机是苏联图波列夫设计局(现俄罗斯联合航空制造集团)研制的一种双发高亚声速战略轰炸机。该机于 1952 年首飞，1955 年交付使用，有多种型号，约生产了 2 000 架，除主要作为轰炸机使用外，还被改装担负空中侦察、空中加油等任务，1966 年开始退役。图-16 采用流线型机身和后掠机翼，两台图曼斯基涡轮喷气发动机紧靠机身两侧，平尾和垂尾均有后掠角，如图 4-38 所示。该机性能和尺寸大致和美国的 B-47、英国的 3V 系列的“勇士”、“火神”和“胜利者”轰炸机相当。

图 4-38　苏联图-16 轰炸机

英国 3V 系列的首款轰炸机——“勇士”(Valiant)，如图 4-39 所示，于 1951 年 5 月试飞成功。1956 年 10 月 11 日，一架“勇士”在澳大利亚马拉林加靶场上空投下一枚 3 000 t 当量的

“蓝色多瑙河”核弹，英国核武器的第一次空投试验宣告成功，“勇士”也因此被载入史册。该机共生产 107 架，于 1965 年退出现役。

图 4-39　英国“勇士”轰炸机

由于“勇士”轰炸机的平庸表现，英国皇家空军很快将目光转向了服役时间稍晚的“火神”(Vulcan)。“火神”轰炸机采用无尾三角翼气动布局，如图 4-40 所示，是世界上最早的一种三角翼轰炸机，也是英国最后一种中程战略大型军用机。该机于 1947 年开始研制，1952 年 8 月首飞，1956 年夏生产型才投入使用，于 1964 年停产，总产量 134 架，1991 年退出现役。

图 4-40　英国“火神”轰炸机

1952 年，当英军将主要目光投射在“勇士”轰炸机上时，作为竞争对手的“胜利者”(Victor)也试飞成功，如图 4-41 所示。依靠 7 台蓝宝石涡轮喷气发动机的帮助，这种轰炸机同样可以从 17 000 m 的高空接近对手，并拥有高达 9 662 km 的最大航程，不仅远胜后来服役的“火神”，也将服役众多的“勇士”给比了下去。由于体积和起飞重量更大，“胜利者”可以在单次任务中携带 35 枚 1 000 kg 炸弹，成为英国历史上火力最强的轰炸机型。不过，随着冷战阶段空军技术的升级，还是让包括“胜利者”在内的全部 3V 轰炸机都显得力不从心，基于旧时代思维的 3V 轰炸机群，已经不再有多少继续存在的必要。到 20 世纪 70 年代，英国皇家空军被迫将“勇士”和“胜利者”都踢出了一线战略值班任务机群，唯有突防性能尚可的“火神”，被继续保留到了冷战结束。

在防空导弹技术还不成熟的 20 世纪 50 年代后期，美、苏还分别提出了一系列威慑力超前的轰炸机项目，以便超声速轰炸机可以轻松实现突防。美国在 1956 年 11 月 11 日首飞了世界上第一种超声速轰炸机 B-58“盗贼”；苏联也不甘落后，在 1959 年 9 月 7 日首飞成功了图-22“眼罩”轰炸机。B-58 轰炸机为三角翼四发布局，如图 4-42 所示，有着以前任何轰炸机不曾

图 4-41 英国"胜利者"轰炸机

拥有的性能和复杂的航空电子设备,代表了当时航空工业的最高水准。B-58 于 1956 年 11 月 11 日进行了首次试飞,1960 年 3 月进入美国空军服役,是美国空军 60 年代最主要的空中打击力量。B-58 服役时间相当短暂,于 1970 年 1 月底全部退出现役。这是由于该机事故率高,造价昂贵,航程短,不能混装多种核武器,也不能带常规炸弹等多种因素造成的。

图 4-42 美国 B-58 超声速轰炸机

图-22"眼罩"轰炸机(如图 4-43 所示)由苏联图波列夫设计局研制,于 1959 年 9 月 7 日首飞成功,1962 年正式加入苏联空军序列,总生产量大于 300 架,是苏联空军史上的第一架超

图 4-43 苏联图-22 超声速轰炸机

声速轰炸机。图-22“眼罩”轰炸机的综合作战能力与B-58相差不大,但性能并不理想,不过总体来说“眼罩”的设计是成功的,如今它的后续型号图-22M“逆火”系列还没有退役,是苏联/俄罗斯空军服役时间最长的轰炸机之一。

B-1“枪骑兵”是美国空军冷战末期的超声速、变后掠翼、重型、远程战略轰炸机。1974年,B-1A原型机首次试飞,由于造价高昂而一度被搁置。1983年,造价较低的低空高速突防B-1B战略轰炸机试飞,1985年正式量产、交付,最高在役数量95架,冷战末期才开始使用。B-1B机体最大的特点是采用可变后掠翼(如图4-44所示),全开时翼展可达到41.8 m(全后掠时为24.0 m),以满足低空高速飞行、低受风负荷、长续航距离和优良的起降性能等。B-1B的机身采用平滑曲面过渡,与主翼之间没有明显界线,可分散雷达的电波,借此减小雷达散射截面积(即RCS),使B-1B不易被雷达察觉。

图4-44　美国B-1B变后掠翼超声速轰炸机

4.5.2　飞机突破“热障”

飞机在设计过程中为了减轻结构重量,除了采用合理的结构形式之外,非常有效的方法是选用强度、刚度大而重量轻的材料。通常用相对参数来表示材料的强度和刚度的大小,即比强度和比刚度。在选用结构材料时,首先,应尽量采用比强度和比刚度大的材料。其次,根据不同的飞行和环境条件,要求材料具有一定的耐高温和耐低温性能,要具有良好的抗老化和耐腐蚀性能,要具有足够的断裂韧性和良好的抗疲劳性能。另外,材料还要具有良好的加工性能,资源丰富,价格低廉。常用于航空领域的结构材料有木材、铝合金、镁合金、合金钢、钛合金以及复合材料。

随着飞机设计技术的飞速发展,飞行速度不断提高,飞机与空气的摩擦热成了考验飞机结构的重大问题。材料技术的发展克服了这一问题,在20世纪60年代,出现了克服“热障”的、飞行速度超过3倍声速的战斗机和侦察机,它们是苏联的米格-25战斗机和美国的SR-71高空侦察机。这两种飞机是迄今为止飞得最快的固定翼航空器。

小知识:热障

当飞机在稠密大气中作超声速飞行时,受激波与机体间高温压缩气体的加热和机体表面与空气强烈摩擦的影响,飞机蒙皮的温度会随飞行马赫数的增长而急剧上升。当飞行马赫数达到3.0时,飞机表面的温度则升至350 ℃左右,已超过了铝合金的极限温度,会使其强度大大削弱。航空界把飞机作高速飞行时所遇到的这种高温情况称为“热障”。

美国的 SR－71“黑鸟”侦察机(如图 4－45 所示)采用了大量当时的先进技术,钛结构、涡喷/冲压变循环发动机,是第一种成功突破热障的实用型喷气式飞机,实战记录中没有任何一架曾被敌机或防空导弹击落过。SR－71 侦察机于 1963 年开始研制,1964 年首飞,1966 年服役,共生产 32 架。SR－71 侦察机创下了 3 331 km/h 的新速度纪录、24 462.64 m 的高度纪录。这种飞机服役 24 年期间,曾多次刷新纪录。该机于 1990 年退役,1995 年部分 SR－71 编回部队,并于 1997 年展开飞行任务,1998 年永久退役。SR－71 侦察机极其高昂的使用费用是退役的主要原因之一。不过,即使 SR－71 全部退役,但已经变成 NASA 飞行试验机的“黑鸟”,仍将在科研战线上超期服役。

图 4－45　美国的 SR－71“黑鸟”侦察机

苏联的米格-25(如图 4－46 所示)是世界上第一款突破 3.0*Ma* 的高空高速战斗机,最大速度达到 3.2*Ma*。该机大量采用了不锈钢结构,在设计上强调高空高速性能,曾打破多项飞行速度和飞行高度世界纪录。米格-25 战斗机于 20 世纪 60 年代末期由苏联米高扬-格列维奇设计局研制,原型机于 1964 年首飞,1969 年开始交付空军使用。该机总产量约 1 190 架,其中 60%是侦察型,30%是截击型,10%是双座教练型。除在苏联空军中服役外,在冷战时期曾出口过叙利亚、伊拉克、印度等国家。米格-25 如今虽然已经被米格-31 战斗机所取代,但是

图 4－46　苏联米格-25 战斗机

作为苏联航空工业的典型代表，米格-25战斗机在技术上可以说是一个了不起的成就，苏联设计师利用相对简单的技术来完成复杂设计的能力也非常值得尊敬和学习。

4.5.3 变后掠翼飞机

飞机突破声速之后，超声速飞机广泛采用的是小展弦比、大后掠机翼。后掠角大、展弦比小可以降低波阻，这对超声速飞行有利；但由于展弦比和翼展都较小，低速飞行性能较差，飞机的起飞和着陆滑跑距离都较长。因此，这就出现了高速性能和低速性能要求互相矛盾的问题。

通过改变机翼后掠角的大小便能够较好地解决高、低速性能要求的矛盾，这就出现了变后掠翼飞机，如图4-47所示。飞机在起飞、着陆和低速飞行时采用较小的后掠角（如图4-47中机翼为虚线时所示），这时机翼展弦比较大，因而有较好的低速巡航性能和较大的起飞着陆升力。而在超声速飞行时采用较大的后掠角（如图4-47中机翼为实线时所示），机翼展弦比和相对厚度随之减小，对于减小超声速飞行的阻力很有利。变后掠机翼的飞机，在整个 *Ma* 范围内有较好的空气动力性能，可以较好地满足各个设计飞行状态的要求。变后掠翼飞机的主要缺点是机翼变后掠转动机构复杂，结构重量大，而且气动中心变化大，平衡较为困难。

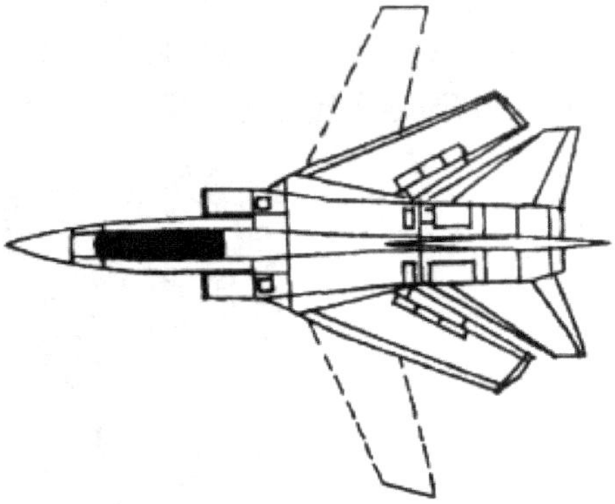

图4-47 变后掠机翼飞机示意

世界上最早的实用型变后掠翼飞机是美国的战斗轰炸机F-111，如图4-48所示，主要用于夜间、复杂气象条件下执行遮断和核攻击任务。该机于1964年12月首飞，1967年10月正式交付使用，1996年7月退役。1967年6月，苏联的变后掠翼战斗机米格-23也成功首飞，如图4-49所示，于1970年服役，是20世纪70—80年代苏联国土防空部队的主要装备。该机的突出性能是飞行速度大，高空时达2.35倍声速，且水平加速性好，利于低空突防、高速拦截和攻击后脱离。现代变后掠翼飞机常用于多用途战斗机、战斗轰炸机和轰炸机，除美国的F-111和苏联的米格-23之外，欧洲的“狂风”、美国的F-14、B-1等都是变后掠翼飞机。

图4-48 美国的F-111变后掠翼战斗轰炸机

图 4－49　苏联的米格－23 变后掠翼战斗机

4.5.4　垂直起降飞机

飞机的起飞一般靠飞机达到一定的起飞速度时，由机翼产生足够的升力，使飞机升空。为了缩短飞机起飞和着陆滑跑距离，就必须降低飞机的起飞速度和着陆速度，但这又会影响机翼升力的产生。如果飞机在起飞和着陆时，发动机能够产生垂直方向的推力，就可以大大缩短起飞和着陆时的滑跑距离，降低飞机对机场跑道长度的要求，这对军用飞机来说，将极大地增强机动作战的能力。

如图 4－50 所示为一种可转喷口的涡扇发动机，它既可用于垂直起降，也可用于水平飞行，英国罗罗公司（即罗尔斯·罗伊斯航空发动机公司的简称，在拆分之前它还有自己的汽车公司，这就是大家所熟知的劳斯莱斯）研制的“飞马”发动机即属此类发动机。发动机装有 4 个可转喷口和阀门机构，能改变发动机的推力方向。在垂直起降过程中，喷口逐渐旋转向下，燃气向下喷出，产生向上的推力使飞机起飞；巡航飞行时可转喷口转向后方，产生向前的推力。

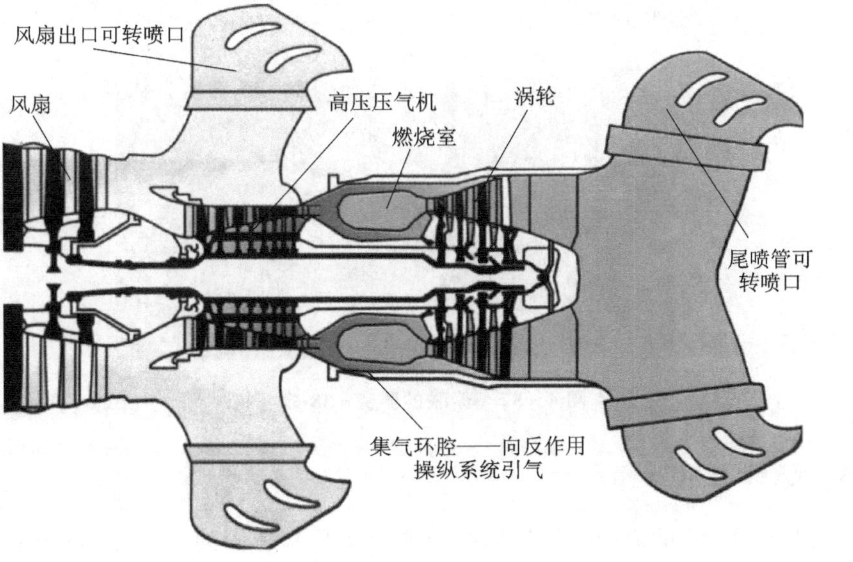

图 4－50　可转喷口的涡扇发动机

1969 年，英国出现了世界上第一种实用的垂直起降飞机，即“鹞”式战斗机，主要有鹞系列、舰载型“海鹞”系列、鹞Ⅱ系列和美国改型生产的 AV－8B 等几个类型。该机采用带下反角的后掠上单翼，如图 4－51 所示，安装一台可转喷口的“飞马”涡扇发动机，机身前后有 4 个可旋转的喷气口，提供垂直起降、过渡飞行和常规飞行所需的升力和推力。“鹞”式战斗机由霍克飞机公司和布里斯托尔航空发动机公司研制，于 1966 年 8 月 31 日首飞，1967 年被正式命名，1969 年 4 月开始装备部队。该机可携带导弹、炸弹、火箭和机炮等多种武器，主要执行海上巡逻、舰队防空、攻击海上目标、侦察和反潜等任务。

图 4－51　英国的“鹞”式战斗机

苏联的雅克－38 垂直起降舰载战斗机也在这一时期研制成功，其动力不同于“鹞”式战斗机，而是采用升力发动机与旋转喷口发动机结合的组合方案，升力发动机除用于垂直升降外，也可用于调节俯仰运动和配平。该机采用中单翼布局的切尖三角翼，并带有下反角，如图 4－52 所示，装备一台涡喷发动机和两台升力发动机，主发动机的两个喷口位于后机身下部，两个大型的半圆形进气口位于驾驶舱后方、翼根之前。雅克－38 主要用于对地面和海上目标实施低空攻击和侦察，并有一定的舰队防空能力。

图 4－52　苏联的雅克－38 战斗机

4.5.5　隐身飞机

隐身飞机出现于 20 世纪 80 年代，第一个实用型号是美国的 F－117 攻击机。F－117“夜鹰”是世界上第一款完全以隐身技术设计的飞机，1981 年首飞定型，1983 年服役，1988 年首次公布后才为人所熟知。F－117 有着与 F－15 战斗机相似的尺寸，外形与众不同，采用了独特的多面体外形、锯齿状的机体结构，如图 4－53 所示，并大量采用吸波复合材料，从而达到了较好的隐身效果。F－117 从命名来看是战斗机，但其毫不具备空战能力，通常作为一个轻型轰炸机或战斗轰炸机使用。此外，F－117 为了追求隐身外形，给飞机的其他性能带来了许多弊端，如空气动力性能不好，飞行不稳定，机动性较差，飞行速度低。但作为世界上第一种真正的隐身飞机，在世界航空史上具有重要的里程碑意义。

图 4－53　美国的 F－117 隐身攻击机

隐身技术，又称为低可探测技术。隐身技术综合了流体动力学、材料学、电子学、光学、声学等领域的先进技术，通过改变航空武器装备目标的可探测信息特征，使敌方探测系统不易发现或发现概率十分有限，以提高自身的生存能力和作战效能。飞机的隐身能力是指飞机在飞行中具有不易被敌方探测器发现的能力，即飞机具有不易被雷达、红外、可见光和声波等探测到的能力。目前雷达探测手段对飞机的威胁约占各种探测手段的 60%，红外探测威胁约占 30%，所以飞机的隐身主要是雷达隐身和红外隐身。

在超视距作战中，雷达是探测飞机的最有效方法，因此提高飞机的雷达隐身能力至关重要。雷达散射截面积(RCS)是衡量飞机雷达隐身能力的指标。通俗地说，RCS 是指目标在雷达波的照射下所产生的回波强度的大小，单位为 m^2。RCS 越大，表示反射的信号越强，目标越容易被发现。如图 4－54 所示为一些军用飞机的 RCS 数据，图中飞机按同一比例绘出，由图可见，飞机的 RCS 并不与飞机的尺寸大小成正比。一般来说，隐身飞机的 RCS 至少应小于 0.5 m^2，因此图中的飞机只有 F－117A 和 B－2 才称得上隐身飞机。

飞机的 RCS 越小，则雷达的探测距离越短，飞机越难被发现。如图 4－55 所示为不同 RCS 值的飞机与雷达探测距离关系的示意图。可以看出，具有高隐身能力的飞机能够在突防中成功地穿过敌方的防空系统，提高自身生存能力，并在被敌方发现之前摧毁敌方目标。

雷达隐身的措施主要包括外形隐身和应用吸波材料。外形隐身的基本原则主要有：(1) 尽量避免雷达垂直照射飞机表面，因为垂直表面对雷达波的反射最强，因此飞机的垂尾、前机身和进气道等应设计成具有一定的倾斜角；(2) 消除能够成角反射器的外形布局，如机翼和机身采用翼身融合体设计，结合处圆滑无棱角，单立尾与平尾的角反射器采用倾斜的双立尾来消除强散射源，如采用背部进气道或进气道设计成长而曲折的 S 形，武器内挂，采用保形天线，不挂副油箱等；(3) 主要部件的轮廓线力求互相平行，如机翼和尾翼的前后缘，尾喷口的“之”字形边缘等，使全机对雷达的反射除形成少数几个波束外，在其他方向反射极弱。

当某些部件或部位不能采取外形隐身措施时，可采用吸波材料来弥补。比如在进气道内涂以含碳铁化合物的吸波材料，雷达波能量在长而弯曲的进气道内经过来回反射，最后被吸波涂层吸收。将座舱盖镀以能将雷达波信号向空间散射的金属箔膜，也可大大减小雷达的反射

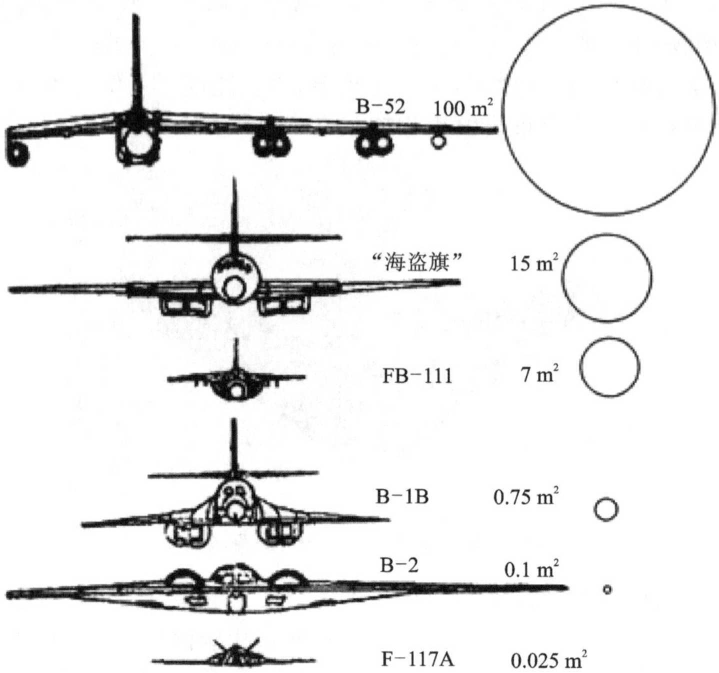

图 4-54 几种军用飞机的 RCS 比较

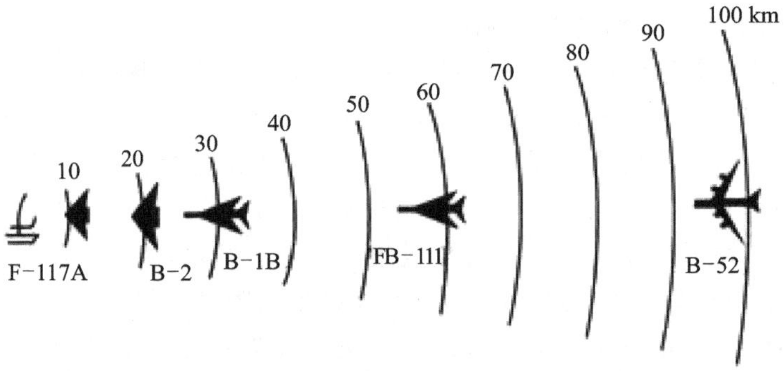

图 4-55 不同 RCS 的飞机与雷达探测距离的关系

波。还可采用频率选择表面雷达罩，自己的雷达波能通过该雷达罩，其他频率的雷达波不能通过，可以减小机载雷达天线舱的 RCS。

红外隐身的主要措施有：(1) 采用矩形二元喷管，使尾喷流火舌变平，可减弱红外辐射信号；(2) 用涡扇发动机，可降低发动机的排气温度；(3) 飞机在飞行时尽量不要开加力燃烧室，如米格-21 的发动机，不开加力时的红外探测范围为 10 km，开加力后，在 40 km 以外就能被探测到；(4) 把发动机布置在机身或机翼上面，利用机翼或尾翼等部件进行遮挡或隐蔽。

随着隐身技术的成熟，美国的 B-2 隐身战略轰炸机在 20 世纪 90 年代研制成功(1989 年首飞，1997 年服役)。B-2“幽灵”轰炸机是当今世界上唯一一种隐身战略轰炸机，其最主要的特点就是低可探测性，即俗称的隐身能力。B-2 采用飞翼式布局，没有垂尾或方向舵，如图 4-56 所示。其隐身能力并不仅仅依靠自身的形状，机身上面还覆盖了一层特殊的材料，从而有效地减少来自接缝处的雷达波反射。B-2 的隐身并不局限于雷达探测层面，也包括降低红外线、可见光与噪声等方面，使被探测与锁定的可能降到最低。B-2 轰炸机的隐身性能可与小型的 F-117 攻击机相比，而作战能力却与庞大的 B-1B 轰炸机相当。B-2 在不进行空中加油的情况下，作战航程可达 12 000 km，空中加油一次则可达 18 000 km。每次执行任务的空中飞行时间一般不少于 10 h，具有"全球到达"和"全球摧毁"的能力。

图 4-56　美国的 B-2 隐身轰炸机

4.5.6　特种用途飞机

在飞机的发展进程中，还出现了一些特种用途飞机，如预警指挥机、反潜机、电子干扰机、侦察机和空中加油机等。

预警机装有远距离搜索雷达和相应的数据处理和通信的设备，用于搜索、监视空中和海上目标，是战斗机的支援飞机。预警机多用续航能力强、载重量大的亚声速旅客机或运输机改装而成。1975 年首飞的美国 E-3"望楼"预警机就是在波音 707 基础上改装而成的，在外观上与其他飞机相比最特别的地方就是机身上装有一个盘状雷达天线罩，如图 4-57 所示，内部安装有雷达天线系统。雷达系统上的敌我识别分系统具有下视能力，并能抗地面杂波干扰。苏联的 A-50 预警机是在 20 世纪 80 年代初在伊尔-76 运输机基础上改装而成的，如图 4-58 所示，是苏联第一代预警机图-126 的后继型号。A-50 预警机于 1978 年底完成原型机生产并首飞，1984 年开始服役。

图 4-57　美国 E-3"望楼"预警机

反潜机是一种载有搜索和攻击潜艇用装备和武器的军用飞机。反潜机有水上反潜飞机、反潜直升机、岸基反潜飞机和舰载反潜机等。美国的 P-3、英国的"猎迷"、苏联/俄罗斯的伊尔-38 和日本的 P-2J 都是广泛使用的岸基反潜飞机。美国的 P-3 反潜机是在"依列克特

图 4-58　苏联 A-50 预警机

拉"民航机的基础上改进而来的，主要执行海上巡逻侦察、反潜作战及反舰作战等任务。该机于 1959 年首飞，1961 年 4 月以后开始交付使用，采用正常式布局，悬臂式下单翼，传统铝合金结构，如图 4-59 所示，有 10 名机组人员。英国的"猎迷"海上反潜巡逻机是以德·哈维兰"慧星"客机为基础改装而成的，于 1967 年首飞，是英国皇家空军现役的主力反潜巡逻机，也是目前世界上唯一的一种拥有 4 台发动机的反潜巡逻机，如图 4-60 所示。

图 4-59　美国 P-3 反潜机

图 4-60　英国"猎迷"反潜机

伊尔-38 是苏联伊留申设计局用伊尔-18 型民航机改装反潜设备的反潜和海上巡逻机，于 1967 年首飞，1970 年开始装备部队。该机重达 63 t，装有 4 台发动机，可装载 10 人及 9 t 武器，续航时间可达 10 h，与美国的 P-3 反潜巡逻机装备类似，升级后称为伊尔-38SD。2013 年，俄罗斯对伊尔-38 反潜机进行了现代化改造，相比原机型，该机在机首顶部安装了一个多边形的探测设备，造型奇特，如图 4-61 所示。

通过专门的电子干扰设备对敌方雷达和通信设备进行干扰的军用飞机称为电子干扰飞机或电子战飞机。大多数电子干扰机是用其他军用飞机改装的，如美国于 1971 年 1 月开始装备部队的 EA-6B 舰载电子干扰飞机，就是由 A-6 舰载攻击机改装而成。EA-6B 电子战飞机，如图 4-62 所示，是为了满足美国海军电子对抗护航飞机的要求而研制的，它能在执行攻击和监视任务期间，破坏敌人雷达和通信装置，而保护美国海军舰船和飞机，还可执行电子监视、反舰导弹防御以及地面和空中雷达操作员电子反对抗训练等任务。

专门用于搜集敌方军事情报的飞机称为侦察机。按任务不同，侦察机可分为战略侦察机和战术侦察机；根据有、无人驾驶，侦察机还可分为有人侦察机和无人侦察机。典型的战略侦察机如美国的 U-2、SR-71。U-2 高空侦察机由美国洛克希德公司研制，于 1955 年 8 月秘

图 4-61　俄罗斯现代化改造后的伊尔-38 反潜机

图 4-62　美国的 EA-6B 电子战飞机

密完成首飞，1956 年开始装备美空军。该机曾征战全球，侦察过苏联、古巴、朝鲜、中国、越南等国家，但是也有 15 架在其他国家的领空被击落。U-2 侦察机最大的特点就是具有非常高的升限，可以在 25 000 m 的高空巡航（此时飞行员必须穿着荷压服），采用类似滑翔机的大展弦比设计，在高空可以获得较高的升力并减少燃油消耗，以维持其高空持续侦察能力。由于机翼很薄无法安装起落架，U-2 采用了"自行车式"起落架布局，当停留在地面上时，会在 U-2 的机翼下方安装两个带滑轮的撑杆，如图 4-63 所示，起飞时，撑杆会自动脱落。不过这种设计使 U-2 的降落成为一件非常困难的事情，降落时需要地面引导车辆近距离伴随，并与飞行员不断沟通，防止机翼与地面相撞，在飞机停稳后再在机翼两端安装支撑轮。

图 4-63　美国 U-2 高空侦察机

空中加油机是一种在空中为其他飞行中的飞机及直升机补充燃油的飞机。空中加油的目的是增加受油机(一般为战斗机、轰炸机)的航程和续航时间,提高作战飞机的快速机动作战能力,大大增强航空兵的远程作战、快速反应和持续作战能力。空中加油机有两种加油方式,一种为插头锥管式(软管),这种加油机可同时给 2 架或 3 架飞机加油;另一种是伸缩管式(硬管),一次只能给 1 架飞机加油,但加油速度较快。美国是目前世界上拥有加油机最多的国家,其次是俄罗斯。空中加油机通常由大型运输机改装而成,如美国的 KC－135 加油机是由 C－135 军用运输机改成的,俄罗斯的伊尔－78"大富翁"空中加油机由伊尔－76 军用运输机改成。

KC－135"同温层油船"空中加油机于 1956 年 8 月首次试飞,1957 年正式装备部队,有世界空中加油机"王牌"之称。KC－135 空中加油机的最初设计目的主要是为美国空军的远程战略轰炸机进行空中加油,后来也为美国空军、海军、海军陆战队的各型战机进行空中加油。KC－135 空中加油机机翼下装有 4 台喷气式发动机,如图 4－64 所示。机体可分为上、下两部分,上半部一般作为货舱,下半部几乎全部是燃油舱。作为 KC－135 空中加油机的辅助机种(也是为弥补 KC－135 空中加油机加油能力不足的缺陷),KC－10"致远"是以 DC－10 民航机为基础研制改装的空中加油机,如图 4－65 所示,于 1970 年 8 月首飞,是美国空军近年来使用的主要空中加油机之一,是目前世界上最大、功能最齐全、加油能力最强的加油机。KC－10 加油机具有载油量大,加油能力强,最多可同时为 3 架小型飞机实施空中加油,功能齐全,加油时飞行速度快,使用范围广等无与伦比的特点。

图 4－64　美国 KC－135 空中加油机

图 4－65　美国 KC－10 空中加油机

伊尔－78 空中加油机,如图 4－66 所示,是俄罗斯空军唯一专用空中加油机,于 1983 年 6 月首飞,1987 年开始装备部队。伊尔－78 最大起飞重量 190 t,在飞行 1 000 km 的情况下可以为其他飞机加油 65 t,一次可以为一架重型飞机或两架战斗机加满燃油。伊尔－78 与美国 KC－135 空中加油机相比,各有所长。伊尔－78 的最大起飞重量比 KC－135A 的 134 t 要重 30 多吨,最大可供油量比 KC－135 的 46.8 t 要大 18 t 多,实用升限也要高许多。

图 4－66　俄罗斯伊尔－78 空中加油机

第5章　现代军用飞机

随着现代科技的快速发展，在现代高技术局部战争中，空中力量对战争进程和结局的影响越来越大。同时，为了应对复杂多变的国际环境，世界各国都在积极发展自己的空军武器装备，其中，新一代的战斗机仍是世界军事强国发展的重点装备，其次是战略轰炸机和军用运输机等。

5.1　飞机动力的更新换代

航空器的发展都是伴随着发动机的发展而发展的，航空器发展的每一个里程碑都与发动机的发展有着密切的联系。

航空发动机的历史可以从1903年美国莱特兄弟实现人类历史上首次有动力飞行算起。从1903年至今，航空发动机的发展可以分为两个阶段，第一个阶段从1903年到第二次世界大战结束，持续40年左右，为活塞发动机时期。第二次世界大战结束前后，活塞发动机的功质比（功率/质量）已达到1 492 W/kg，飞行高度达15 km，飞行速度从16 km/h提高到800 km/h，已接近螺旋桨飞机的速度极限。

由于受到推进原理的限制，采用活塞发动机的飞机速度不能再进一步提高，不可能达到或者接近声速，因此随着涡轮喷气发动机的出现和发展，航空发动机进入到第二个阶段——喷气推进时代。空气喷气发动机是一种反作用的推进装置，低速工质（空气和燃料）经过增压、燃烧以后，以高速喷出，从而直接产生反作用推力。

目前，活塞发动机多用于小型低速飞机，喷气发动机多用于高速飞行器。按照航空发动机产生推力的原理和发动机的工作原理不同可将其分为两大类，如图5-1所示。

活塞式发动机是一种把燃料的热能转化为带动螺旋桨或旋翼转动的机械能的发动机。螺旋桨高速旋转时，使空气加速向后流动，空气对螺旋桨产生反作用力，从而推动飞行器前进。因此活塞式发动机并不直接产生使飞行器前进的推力，而是通过带动螺旋桨转动产生推力。活塞式发动机又可以根据气缸冷却方式、供油方式、气缸排列方式、是否增压等再进一步细分。

空气喷气发动机是利用大气层中经过压缩的空气与所携带的燃料燃烧产生高温、高压燃气，在发动机的尾喷管中膨胀，以高速喷出，从而产生反作用推力。流进发动机的空气可以是由专门的压气机使其受到压缩，也可以是利用高速流进发动机的空气（当飞行器以很高的速度飞行时）滞止下来而产生高压来达到。因此，空气喷气发动机可分为无压气机的和有压气机的两类。无压气机的空气喷气发动机可分为冲压式喷气发动机与脉动式喷气发动机两种类型。

在有压气机的空气喷气发动机中，压气机用燃烧室后的燃气涡轮来驱动，因此这类发动机又称为燃气涡轮发动机，是目前应用最广泛的航空发动机。按其出口燃气可用能量的利用方式不同，燃气涡轮发动机又可分为涡轮喷气发动机、涡轮风扇发动机、涡轮螺桨发动机、涡轮桨扇发动机和涡轮轴发动机等类型。

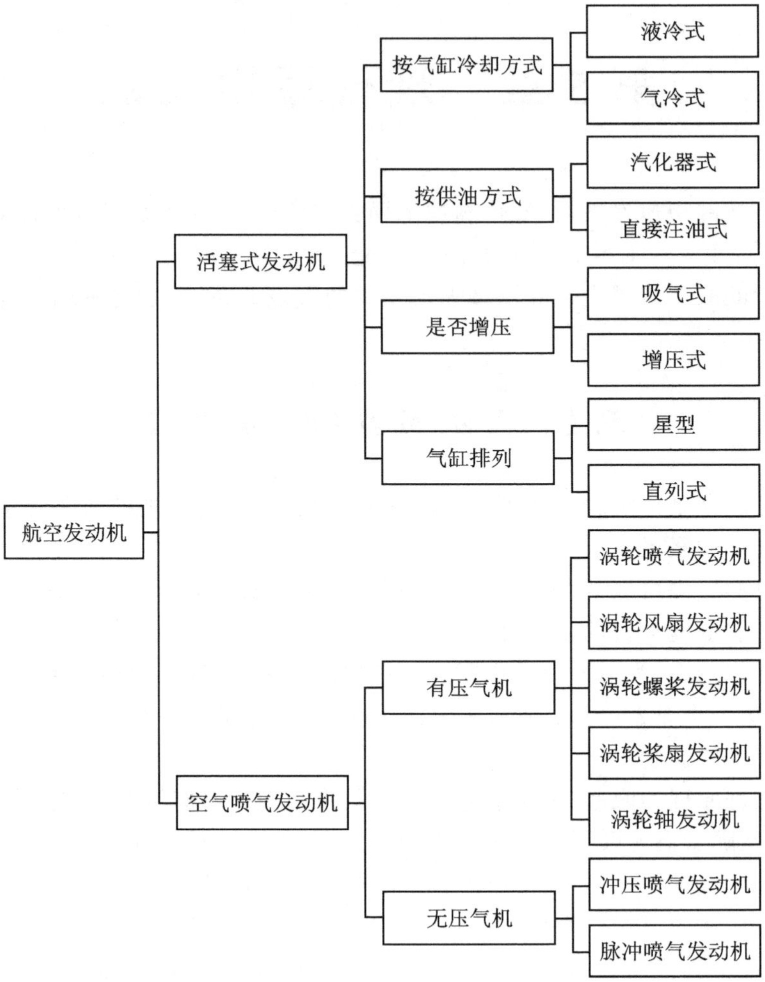

图 5-1　航空发动机分类

5.1.1　从活塞式到喷气式

活塞式航空发动机是一种燃烧汽油的往复式内燃机，基本组件包括气缸、活塞、连杆、曲轴、气门机构和机匣等，如图 5-2 所示。发动机工作时，曲轴不断地做旋转运动，活塞在连杆的驱动下，在气缸内做上、下移动的直线往复运动。在气缸头上有一个进气活门和排气活门，两个气门内分别装有可上下移动的进气阀和排气阀。当进气阀向下移动时，进气活门打开，空气与汽油的混合物进入气缸；同样，当排气阀向下移动时，排气活门打开，气缸内燃烧过的气体排出气缸外。

活塞式发动机工作时，空气间断地进入气缸中，气体的压缩、燃烧和膨胀过程发生在同一个气缸中，一个工作循环中的四个冲程只有一个膨胀冲程是对外输出功的。而燃气涡轮发动机工作时（如图 5-3 所示），空气是连续不断地被吸入，气体的压缩、燃烧和膨胀过程分别在压气机、燃烧室、涡轮和尾喷管等不同部件中进行，空气在压气机中被压缩后，进入燃烧室，与喷入的燃油混合燃烧，生成高温高压燃气。燃气在膨胀过程中驱动涡轮做高速旋转，将部分能量转变为涡轮的机械能。涡轮带动压气机不断吸进空气并进行压缩，使发动机能连续做功。

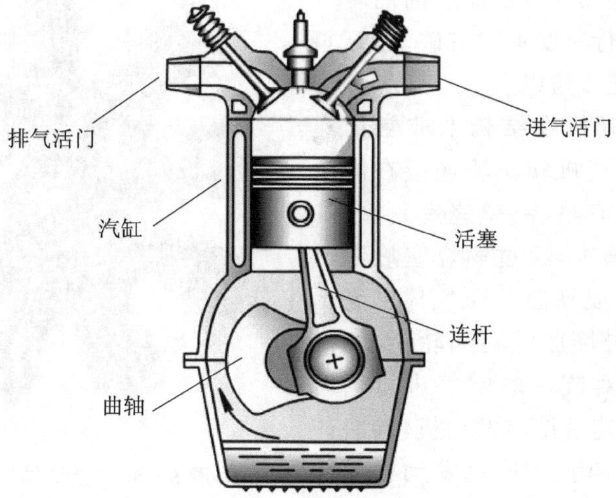

图 5-2　活塞式发动机结构

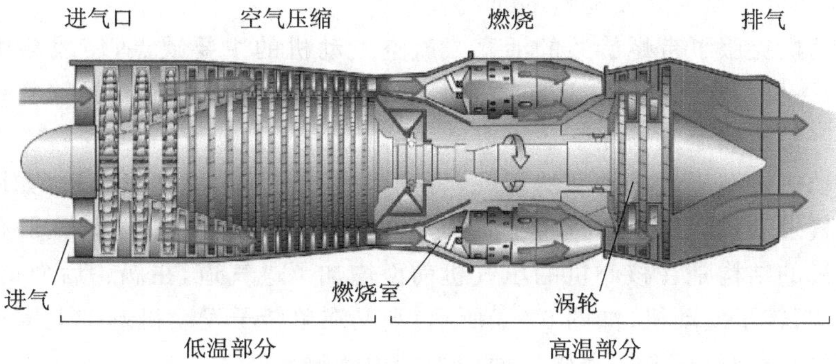

图 5-3　空气喷气发动机的组成及工作原理

1909 年 8 月 22 日，在法国兰斯举行了历史上首次世界航空博览会，这就是现在著名的巴黎航展的前身。在这次博览会上，法国人塞甘兄弟发明的旋转气缸式发动机——“土地神”活塞发动机引起了轰动。这是一台五缸星型发动机，功率达 50 马力（37 kW），功质比达到 0.69，这些都是当时的液冷发动机望尘莫及的。“土地神”发动机的气缸可在空气中旋转，因此无论在地面还是空中都能得到有效的冷却。该发动机结构的最大特点就是取消了飞轮和液冷装置，气缸以曲轴为中心，排成星形，因此又称星型发动机。该发动机暖机快，启动快，并且在气缸外壁采用了大量薄壁散热片，外形光洁利落，迎风阻力小。这些特点使得发动机重量轻，阻力小，加速快，特别适合于战斗机使用。该系列发动机有单排的 5 缸、7 缸和 9 缸（如图 5-4 所示）以及双排的 14 缸等，功率从 50 马力（37 kW）到 163 马力（120 kW）不等。由于此系列发动机的巨大成功，各国纷纷仿制或研制，出现了多种型别的旋转气缸发动机。

活塞式发动机是靠大尺寸的螺旋桨推动飞机前进的。随着飞行速度的提高，特别是接近声速时，飞机的阻力急剧增大，在飞行速度达到 800～850 km/h 时，螺旋桨的效率开始明显下降，使其产生的推力下降，无法满足进一步提高飞行速度的要求，这也正是使用活塞式发动机的飞机不能突破“声障”的原因。而空气喷气式发动机的推力是随着飞行速度的提高而增大的，这样使飞机的飞行速度不但突破了“声障”，而且可以超过声速3倍以上。

航空燃气涡轮发动机在结构上非常简单，它只是将转动的压气机和涡轮连接在同一根轴上，两者之间装有热源（燃烧室）。气流经过压气机后压强增大，经过燃烧室后温度升高，至涡轮前时形成高温高压气体。高温高压气体在涡轮部分膨胀并对涡轮做功，涡轮带动压气机继续对流入的空气进行增压，做过功的气体被加速后排出发动机，同时对发动机形成一股反作用力，推动发动机向前运动。正是由于这种简单性，曾经吸引着发明家专注于此近一个世纪，直到1939年法国研制出装有涡喷发动机的He-178飞机第一次飞行成功，从而开启了喷气式发动机的时代。

图5-4　“土地神”活塞式发动机

涡轮喷气发动机克服了带螺旋桨的活塞式航空发动机的主要缺点，使战斗机顺利地突破了“声障”，而且为飞机高空飞行提供了条件，使飞机从亚声速进入到超声速飞行的新时代。涡轮喷气发动机为飞机的快速发展立下了不可磨灭的功勋。

涡轮喷气发动机按照压气机类型的不同，可分为离心式涡轮喷气发动机（如图5-5所示）和轴流式涡轮喷气发动机。按发动机转子结构不同，又可分为单转子和双转子涡轮喷气发动机。单转子发动机的结构是在核心机的压气机前面增加了进气道，在涡轮后面增加了尾喷管，如图5-3所示。双转子发动机（如图5-6所示）则是在单转子发动机基础上增加了低压压气机和低压涡轮，军用发动机还会在涡轮后面增加加力燃烧室。

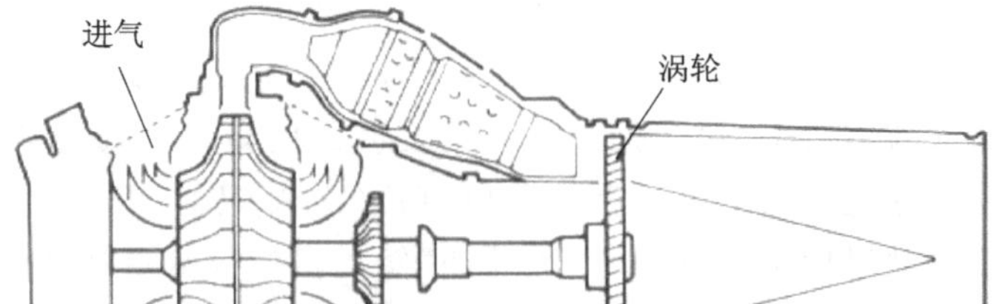

图5-5　离心式涡喷发动机

由于涡喷发动机在获得推力的同时，有大量仍具有一定热能、动能的高温燃气高速排出发动机，大量的能量白白损失掉了，未能最大限度地将燃油燃烧所产生的热能转变成有效功，因此，涡喷发动机的使用经济性较差，这是制约其继续发展的致命弱点。因此，人们又研制出了

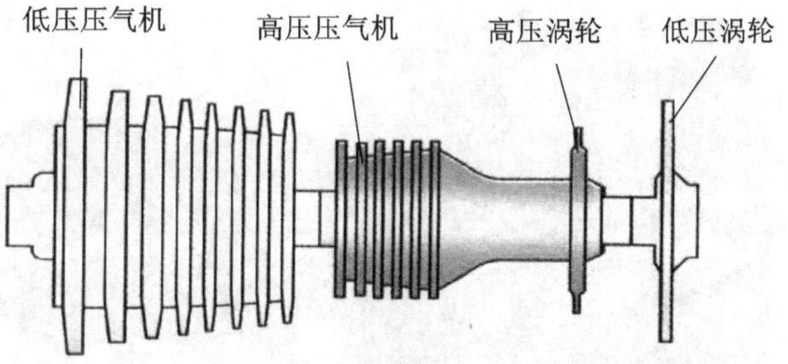

图 5-6　双转子涡喷发动机的转子结构简图

一种既能产生大的推力，又具有低耗油率的发动机——涡轮风扇发动机，它是一种既保持涡喷发动机所具有的而活塞式发动机无法比拟的特点，又明显地提高了其经济性的发动机。

5.1.2　涡扇发动机

涡轮风扇发动机自 20 世纪 60 年代初问世以来，相比于涡喷发动机，具有推力大、燃油消耗率低和噪声低等优点，目前已成为超声速战机、高亚声速旅客机和运输机的主要动力装置。

涡扇发动机的结构和涡喷发动机的结构很相似，所不同的是在此基础上增加了风扇和驱动风扇的低压涡轮，如图 5-7 所示。涡轮分为高压涡轮和低压涡轮，高压涡轮带动压气机转动，低压涡轮带动风扇转动。在涡扇发动机中，空气在风扇中增压后，由风扇出口流出时分为两股向后流：一股流入核心机和带动风扇的低压涡轮，最后由尾喷管流出，这股气流称为内涵气流（其流经的通道称为内涵道）；另一股则由围绕核心机机匣与外涵机匣间的环形通道中流过，称为外涵气流（其流经的通道称为外涵道）。由于涡扇发动机中有内、外两个涵道，所以涡扇发动机有时又称为内外涵发动机。可以看出，风扇实际上可看作是直径较大、叶片较长的轴流压气机。

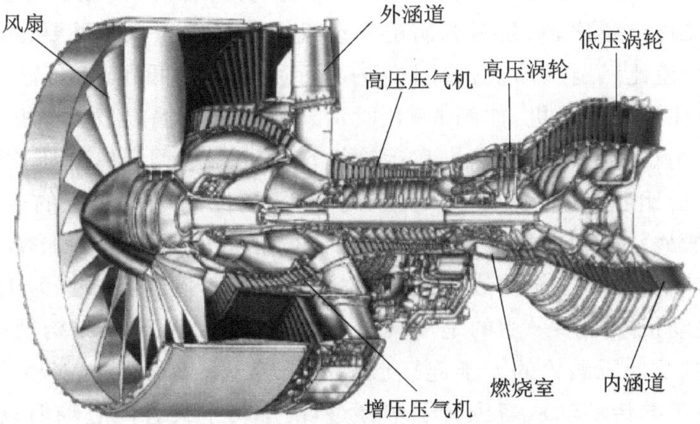

图 5-7　涡扇发动机结构示意图

涡扇发动机中，内、外涵气流可以分别排出，也可在排气系统内混合排出。如图 5-8 所示为民用航空常用的 V2500 涡扇发动机，风扇直径较大，且外涵道的气流流经风扇后直接排出，内外涵气体在发动机内部互不掺混，这种排气方式称为平行排气。

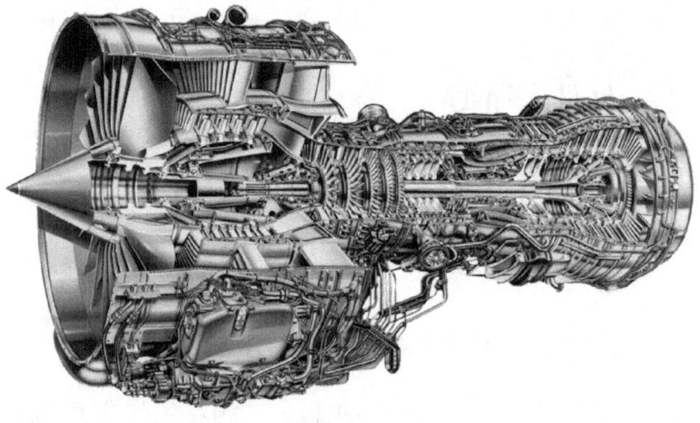

图 5-8　V2500 涡扇发动机

还有一种涡扇发动机，是如图 5-9 所示的 F100，其风扇叶片直径较小，且外涵气流通过风扇后并没有直接排入大气中，而是在外涵机匣和核心机机匣组成的圆环中继续向后流动，通过掺混器进入内涵道燃气流中，与内涵气流混合后由尾喷管排出。

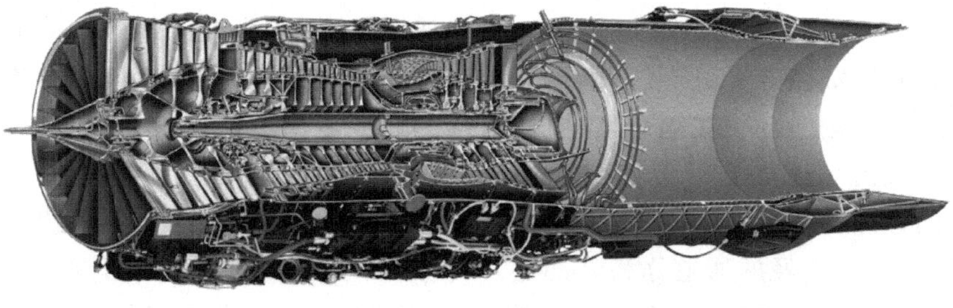

图 5-9　F100 涡扇发动机结构示意图

流经涡扇发动机的气流分为了两股，分别为外涵气流和内涵气流。外涵与内涵空气流量之比称为涵道比，又称流量比，它是影响涡扇发动机性能好坏的一个重要循环参数。涵道比小于 2～3 的称为低涵道比涡扇发动机，如图 5-9 所示为典型的低涵道比涡扇发动机；高于 4～5 的称为高(大)涵道比涡扇发动机，如图 5-8 所示。高涵道比涡扇发动机排气速度低，推进效率高，经济性好，适用于大型远程旅客机和运输机，其涵道比为 4～9，增压比为 30～45，这种发动机的涵道比和增压比还有进一步增大的趋势。高涵道比涡扇发动机的迎风面积大，不宜作超声速飞行，故一般战斗机用的加力式涡扇发动机的涵道比通常小于 1.0，甚至在 0.3 以下。只有要求在空中作较长时间巡航的战斗机所用的发动机，其涵道比才选为 1.0 左右。

在涡轮风扇发动机中大多采用的是双转子的结构形式。双转子结构简图如图 5-6 所示，在图中，低压压气机及低压涡轮的转子连接形成低压转子。高压压气机及高压涡轮连接形成高压转子。低压转子的传动轴从高压转子中穿过，两个转子具有同心轴但只有气动联系，它们可以分别以各自的最佳转速工作。在涡扇发动机中，风扇可以看作是发动机的低压压气机，由于风扇后的压气机进口空气压强为风扇出口的压强，比大气压强高许多，因此称该压气机为高压压气机。在燃烧室后、驱动高压压气机的涡轮则称为高压涡轮，由高压压气机转子与高压涡轮转子组成高压转子；位于高压涡轮后、驱动风扇的涡轮称为低压涡轮，由风扇转子与低压涡轮转子组成低压转子。目前，世界上绝大部分涡扇发动机均采用这种双转子结构形式。法国的 M53 是目前世界上唯一还在服役的单转子涡扇发动机。

三转子涡扇发动机是指有三个只有气动联系且具有同心轴转子的涡扇发动机。其工作原理和结构特点与双转子涡扇发动机基本相同，如图 5 - 10 所示，只是将高压压气机又分为中压、高压两个转子，分别由中压、高压两个涡轮转子带动。这种三转子结构比较复杂，但采用三转子结构的涡扇发动机性能较好，零件数目少，重量也轻。目前，世界上只有少数几种涡扇发动机采用这种结构形式。

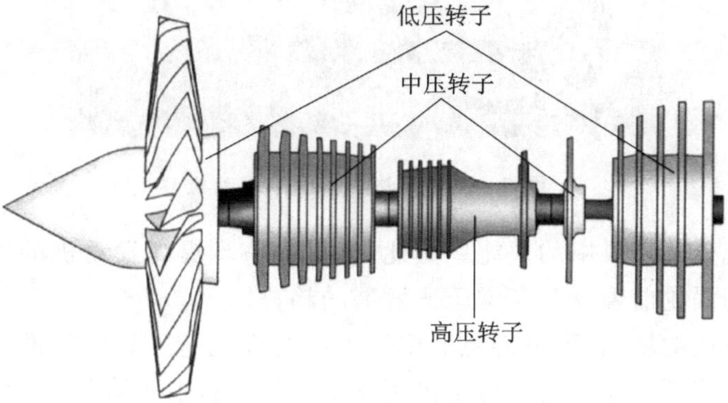

图 5 - 10　三转子涡扇发动机转子结构示意图

英国的罗罗公司一直致力于三转子发动机的研制。第一种实用的三转子发动机是 RB211 民用高涵道比涡扇发动机，如图 5 - 11 所示。后来在此基础上又发展了遄达系列发动机，如遄达 900、遄达 1000。其中遄达 900 发动机（如图 5 - 12 所示）为空客 A380 飞机提供动力，是 A380 所采用动力装置中最轻、最环保的发动机。该发动机是世界上最清洁的大推力发动机，也是 A380 飞机采用的最安静的发动机。此外，该发动机还是罗罗公司迄今制造的最大的发动机，其直径将近 10 英尺（3.048 m）。

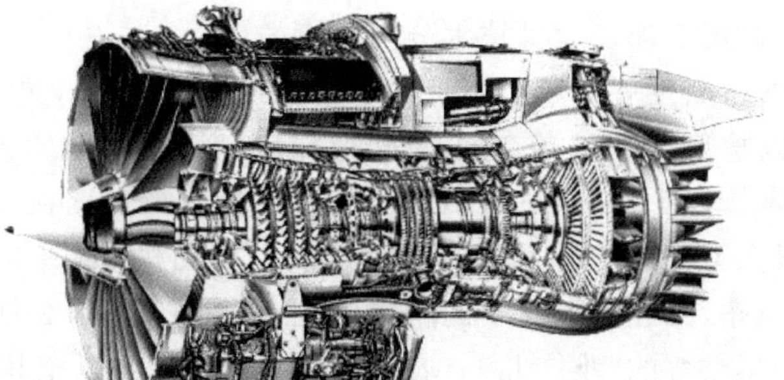

图 5 - 11　RB211 高涵道比涡扇发动机

涡扇发动机排出的燃气速度比较低，燃气射流的动能损失较小，因此，在亚声速飞行时有较好的经济性。由于涡扇发动机的风扇可以吸入大量的空气，使进入发动机的空气量增加，虽然燃气喷出速度下降，但燃气流量与速度的乘积得以大大提高，也就是说，在燃油量一定的情况下，推力是提高的，因此发动机的效率有所提高。另外，由于涡扇发动机的排气速度较低，对降低噪声有利，所以非常适合民航机使用。目前民用涡扇发动机的涵道比已提高到 8～10，涵

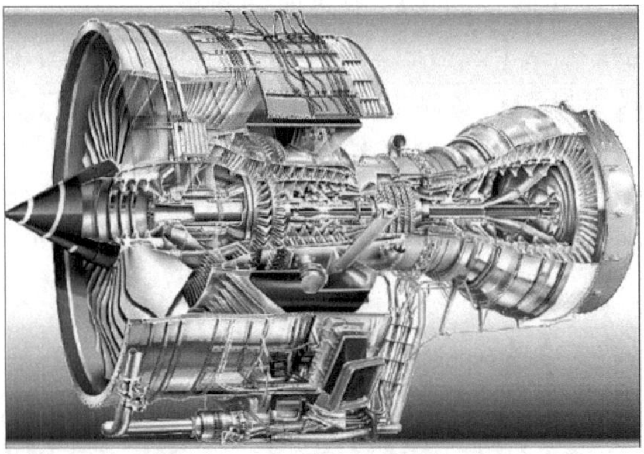

图 5-12　遄达 900 涡扇发动机

道比的提高，可以充分发挥风扇的效能。因此，为了进一步提高发动机的性能，民用涡扇发动机有向高涵道比、高涡轮前温度和高增压比发展的趋势。

不过，随着涵道比的增加，不可避免地使发动机的排气速度和单位推力下降，发动机的迎风面积增大，推重比降低。这些问题对于民用飞机来说不是主要问题，但对于超声速飞行的战斗机却是无法接受的。为了提高涡扇发动机的使用性能，目前战斗机上采用的是小涵道比的加力风扇发动机。

5.1.3　推重比不断提高

燃气涡轮航空发动机以涡轮喷气发动机为起点，开启了航空发动机的喷气时代。随着技术的发展和进步，涡轮喷气发动机衍生出涡轮风扇发动机、涡轮螺旋桨发动机、涡轮轴发动机和桨扇发动机等。其中涡扇发动机在军用战斗机配置的发动机领域内占主导地位。

涡扇发动机的特征参数有推力、耗油率、涵道比和推重比等，其中推重比为发动机推力与其重量的比值，被作为军用涡扇发动机技术分代的标准。

正是航空发动机的不断发展促成了飞机的不断更新换代，因此，航空发动机的分代也和战斗机的分代一样，可以按照四代法或五代法进行分代。第一代航空发动机出现于 20 世纪 50 年代，以英国的康维发动机、美国的 JT3D 发动机为代表，推重比在 2 左右。英国的罗罗公司从 1948 年开始就投入了相当的精力来研制康维涡扇发动机，如图 5-13 所示。1953 年康维进行了第一次地面试车，又经过了 6 年的精雕细刻，直到 1959 年 3 月，康维 MK-508 才最终定型。这个经过 11 年孕育的“难产儿”有着当时涡喷发动机难以望其项背的综合性能。

美国人在涡扇发动机研发上比英国人慢了一拍，但他们并没有走英国人从头研制的老路。美国的普惠公司利用其在涡喷发动机上的丰富技术储备，采用了已经非常成熟的 J-57 作为新涡扇发动的内涵核心发动机。1960 年 7 月，美国普惠公司的 JT3D 涡扇发动机诞生了。JT3D 的最终定型时间比罗罗的康维只晚了几个月，可是在性能上却大大提高。JT3D 的用处很广，波音 707、DC-8 用的都是 JT3D，如图 5-14 所示。不仅在民用，在军用方面 JT3D 也大显身手，B-52H、C-141A、E-3A 等飞机用的都是 JT-3D 的军用型 TF-33。

第二代航空发动机出现于 20 世纪 60 年代，以英国的斯贝 MK202 和美国的 TF30 发动机为代表，推重比在 5 左右。美国普惠公司生产的 TF30 低涵道比涡扇发动机，是世界上第一种量产型加力涡扇发动机，也成为 F-111、A-7 和 F-14A 等飞机的动力装置。TF30 是美军第一款小涵道比涡扇发动机，也正是从这台发动机开始，世界上的战斗机都慢慢开始使用涡扇发动机。作为普惠的初代战斗机用涡扇发动机，在 F-111 和 A-7 上应用良好的 TF30 却在 F-14A 上水土不服，存在易喘振停车的问题，甚至在服役初期还屡次发生过发动机涡轮叶片断裂，打穿机匣导致飞机坠毁的恶性事故。

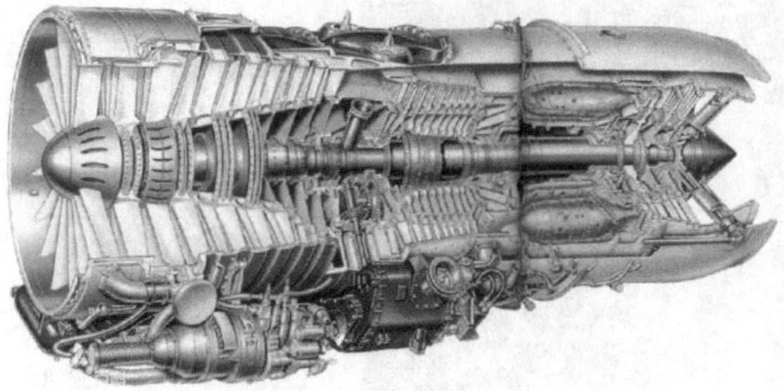

图 5-13　康维涡扇发动机

图 5-14　装有 4 台 JT3D 涡扇发动机的波音 707

斯贝 MK202 型发动机(如图 5-15 所示)是英国在 20 世纪 60 年代中期研制的一种性能较为先进的涡扇发动机，与当时其国内的涡喷发动机相比，具有推力大，耗油低，可维护性好，使用寿命长的特点。英国在 70 年代初用该型发动机装备了从美国引进的 F-4K 战斗机，替换了原本的 J79 涡喷发动机，性能得到较大提高，其推力提高了 30%，巡航耗油率降低了 20%，推重比由 4.7 提高至 5.03。除此之外，发动机进口直径由 0.992 m 减小至 0.826 m，发动机长度由 5.301 m 减小至 5.205 m。美国也引进了该型发动机的制造权，经改进后用在 A-7 攻击机上。

图 5-15　斯贝 MK202 型发动机

第三代航空发动机出现于 20 世纪 70—80 年代，以美国的 F100、F110、F404，欧洲的 RB199、M88-3，苏联的 RD-33 和 AL-31F 发动机为代表，推重比在 8 左右。其中，美国的 F100 装备了 F-15 战斗机，F110 装备了 F-16 战斗机，F404 装备了 F/A-18 战斗机，欧洲的 RB199 装备了“狂风”战斗机，苏联的 RD-33 装备了米格-29 战斗机，AL-31F 装备了苏-27 战斗机。

F100 发动机(如图 5－16 所示)是美国普惠公司以 JTF22 核心发动机为基础研制而成的一种军用涡扇发动机，是世界上最早投入使用的推重比达 8 一级的军用发动机。在发动机参数选择中注重提高发动机性能，采用“两高一低”策略，即增压比高(25.6)、涡轮前温度高(1 399 ℃)和涵道比低(0.6 以下)。在材料上采用了高强度重量比、耐高温的合金。F100 也是首次使用单元体结构的战斗发动机，它由 5 个单元体组成，各单元体都可更换。正是这样的设计方式让其发动机潜力进一步延伸，推动后续的 F110 发动机不断繁衍。

图 5－16　F100 涡扇发动机

F110 发动机(如图 5－17 所示)是美国通用电气公司研发的一款航空发动机，具有耐久性好、可衍生性强的特点，整个 F110 系列的航空发动机就满足了美国整个第三代战机的需要，如 F－14、F－15、F－16 等。F110 发动机非加力版本还被应用于 B－2 隐身战略轰炸机上。

图 5－17　F110 涡扇发动机

RB199 是为欧洲“狂风”战斗机研制的加力式三转子涡扇发动机，由英国罗罗公司、德国 MTU 公司和意大利 FaitAviv 公司联合研制。RB199 发动机采用了罗罗公司独特的三转子设计(无进口导流叶片的三轴加力涡扇发动机)，是军用发动机中唯一采用三转子结构的发动机。另外，RB199 发动机上还装有反推力装置(如图 5－18 所示)，以缩短飞机着陆时的滑行距离，这在战斗机用发动机中是独一无二的。

RD－33 涡扇发动机(如图 5－19 所示)由苏联克里莫夫设计局研制，双轴，低涵道比，采用单元体结构，共 11 个单元体。RD－33 性能与 F－16A/B 型装备的 F100－PW－100 发动机相比，基本处于同一水平，其高空高速特性突出，但可靠性、可维护性一直为外国用户所批评，不过，经过各种改进后，RD－33 成为世界上最优秀的航空发动机之一。

苏－27 系列飞机是当今世界上典型的第三代战斗机。自该机问世以来，曾经创造了多项

图 5 - 18　RB199 三转子涡扇发动机

世界纪录和首创“眼镜蛇”机动飞行动作，这些业绩的取得，都与该系列战机的动力装置有着密切的关系。作为苏-27 战机的专用动力装置，AL - 31F 发动机性能优良，具有明显优势。AL - 31F 的结构形式是双转子加力式涡轮风扇发动机，如图 5 - 20 所示，采用单元体结构，由 14 个单元体组成。AL - 31F 发动机具有尺寸小，推力大，稳定性好，维修简便，使用寿命长等优点。

图 5 - 19　RD33 涡扇发动机

图 5 - 20　AL - 31F 涡扇发动机

20 世纪 90 年代出现的第四代航空发动机是以美国的 F119 和欧洲的 EJ200 发动机为代表，推重比在 10 以上，其中 F119 装备了 F - 22 战斗机，EJ200 装备了“台风”战斗机。F119 涡轮风扇发动机是美国普惠公司研制的双转子小涵道比加力涡扇发动机，是采用可上下偏转的二维矢量喷管、偏转角度达20°且推力和矢量由数字电子系统控制的一种发动机，如图5－21所示，F－22的超声速巡航几乎完全依赖它。F119的完全性能参数为：最大推力156 kN，中间推力105 kN，总压比35，涵道比0.3，涡轮前温度1 577 ℃～1 677 ℃，最大直径1.13 m，长度4.826 m，重量1 360 kg。与普惠公司研制的推重比为8一级的F100发动机相比，F119的总级数、零件数、推重比等均有较大的改进。

图5－21　F119涡扇发动机

EJ200涡轮风扇发动机是欧洲四国联合研制的先进双转子加力涡轮风扇发动机。参加研制工作的有英国罗罗公司、德国发动机涡轮联合公司、意大利菲亚特公司和西班牙涡轮发动机工业公司。从架构、尺寸和重量上看，EJ200看起来是一种简单的小型发动机，如图5－22所示，而这种双转子涡扇发动机在紧凑结构之中使用了很多成熟技术。EJ200直径740 mm，长3.99 m，重量仅1 t，却能产生60 kN的非加力推力和约90 kN的最大加力推力，全加力推重比达9.175。

图5－22　EJ200涡扇发动机

到了21世纪初，第五代航空发动机出现，以美国的F135发动机和英、美联合研制的F136发动机为代表，推重比为12～13，其中F135发动机装备在F－35战斗机上。

F135发动机是由美国普惠公司基于F－22的F119发动机的核心机和主要结构研制的加力涡扇发动机。F135发动机加力推力超过18 t，推重比超过10。F135发动机因F－35的需求而启动，具有三个不同的型号，F135－PW－100作为F－35A空军型的动力系统；F135－PW－400作为F－35C海军舰载型的动力系统；而F135－PW－600作为F－35B海军陆战队短距起飞/垂直降落型的动力系统。其中，用于F－35B的型号F135－PW－600（如图5－23所示）不但使用了R79发动机的技术，还集成了罗罗公司的升力系统，使该机可以实现短距起飞/垂直降落。

图 5-23　F-35B 战斗机用 F135-PW-600 涡扇发动机

5.1.4　推力矢量技术

尾喷管又称排气喷管，简称喷管。其主要作用是将由涡轮流出的、仍具有一定能量的燃气膨胀加速，以较大的速度（一般为 550～600 m/s）排出发动机，用以产生推力。不同的燃气涡轮发动机，尾喷管的设计也有所不同。

尾喷管的分类方法很多，按推力方向，可分为常规推力型、转向型、反推力型和推力矢量型。其中，矢量喷管是一种能够改变排气方向、进行推力矢量控制的喷管。目前，通常是采用机械方法使尾喷管管道转向以控制推力方向，如矩形、轴对称和球形推力矢量尾喷管等。实际上，矢量喷管是利用改变由喷口喷出的燃气方向，即改变喷口轴线与发动机中心线间的夹角的方法来实现推力方向的改变，其矢量角一般为 0°～20°。只在垂直面中改变喷气流方向的矢量喷管，称为二维或二元矢量喷管，如图 5-24 所示。转向喷管（如图 5-25 所示）是指喷口可向上、下转动 90°或以上的喷管，它是矢量喷管中的一种特殊情况。

图 5-24　二维矢量喷管

不采用推力矢量技术的飞机，发动机的喷流都是与飞机的轴线重合的，产生的推力也沿轴线向前，这种情况下发动机的推力只是用于克服飞机所受到的阻力，提供飞机加速的动力。而采用推力矢量技术的飞机，则是通过喷管偏转，利用发动机产生的推力，获得多余的控制力矩，实现飞机的姿态控制。其突出特点是控制力矩与发动机紧密相关，不受飞机本身姿态的影响。因此，可以保证在飞机作低速、大攻角机动飞行而操纵舵面几近失效时利用推力矢量提供的额外操纵力矩来控制飞机机动。

图 5-25　转向喷管

推力矢量技术的运用提高了飞机的控制效率，使飞机的气动控制面，如垂尾/立尾可以大大缩小，从而使飞机的重量可以减轻；另外，垂尾/立尾形成的角反射器也因此缩小，飞机的隐身性能也得到了改善。

推力矢量技术是一项综合性很强的技术，它包括推力转向喷管技术和飞机机体/推进/控制系统一体化技术。推力矢量技术的开发和研究需要尖端的航空科技，反映了一个国家的综合国力。目前，世界上只有美国和俄罗斯掌握了这一技术，F-22 和苏-37 就是两国装备了这一先进技术的各自代表机种。

F-22 战斗机(如图 5-26 所示)由美国洛克希德·马丁公司和波音公司联合研制，于 21 世纪初期进入美国空军服役，以取代 F-15 战斗机。F-22 战斗机的隐身性能、灵敏性、精确度和态势感知能力结合，组合其空对空和空对地作战能力，使得它成为当今世界综合性能最佳的战斗机。F-22 战斗机装备两台 F119-PW-100 低涵道比加力涡扇发动机，推重比超过 10。相对于上一代战斗机使用的发动机，F119 在零件数量少 40%的情况下能多输出 22%的推力，并且采用了推力矢量技术，发动机喷口能在纵向偏转±20°，使 F-22 具备了极佳的机动性和短距起降性能。

图 5-26　美国 F-22 战斗机

苏-37 战斗机是苏-27 战斗机的改进型，是一种具有矢量推进器的超机动战斗机，采用非稳一体化三翼面或纵向静不稳定的三翼面气动布局外形，如图 5-27 所示。苏-37 战斗机由于采用了推力矢量技术和大推重比的发动机，机动性比其前辈有了突破性的进步。苏-37 因采用气动布局和推力矢量控制技术，实现了发动机推力矢量控制系统与雷达电传操纵控制系统的一体化，使其获得了前所未有的优异气动性能。

图 5-27　俄罗斯苏-37 战斗机

目前，可在 360°范围内任意改变推力方向的轴对称矢量喷管是发展重点。当飞机装上轴对称矢量喷管后，飞机向上、向下或左转、右转均可直接通过矢量喷管改变推力的方向来实现。因而今后的战斗机甚至可以不要水平尾翼和垂直尾翼，成为真正的“无尾翼战斗机”。

5.2　现代战机

自飞机诞生之后，飞机在战场上的作用越发突出，并成为各国空军必不可少的一种武器装备。随着战争模式不断转变，现代战争中制空权的夺取十分关键，各军事强国都在不断壮大自己的空中力量。战斗机作为空中对抗的主要平台，具有高度动态对抗性，其装备技术水平直接关系着空战优势，甚至影响到作战的胜负。由此，各国无不将最先进的航空技术用于战斗机，通过战斗机战术技术性体现其军用航空技术的整体水平。

5.2.1　三代半战机

20 世纪末研制的三代机如俄罗斯的苏-35、法国的“阵风”、欧洲的“台风”、瑞典的 JAS-39、中国的歼 10 和歼 11 等，由于具有部分第四代战斗机的特点，信息化作战能力得到大幅度提高，因此被称为“三代半”战机。这些战机延续了第三代的发展成果，作为第四代战机全面服役前的过渡机种，在性能和价格方面往往比第四代战斗机更具优势。

俄罗斯的苏-35 是在苏-27 战斗机的基础上研制的深度改进型、单座、双发、超机动性、多用途战斗机，如图 5-28 所示，代号“超级侧卫”。苏-35 是经过改进的侧卫家族的最后一代，在整体结构、电子系统和已经很强大的发动机方面都有了很大的改进，是迄今为止所有侧卫家族中最好的战斗机。

法国的“阵风”战斗机是法国一种双发、三角翼、高机动性、多用途战斗机，如图 5-29 所示，该机真正的优势在于多用途作战能力，它不仅海空兼顾，而且空战和对地、对海攻击能力都十分强大，是一种新型全能通用型战斗机。该机是幻影 2000 的后继机种，于 1986 年 7 月首飞，2001 年服役。“阵风”战斗机和欧洲“台风”战斗机以及瑞典 JAS-39“鹰狮”战斗机因为其优异的性能表现，并称为欧洲“三雄”。

“台风”战斗机是由欧洲战斗机公司(英、德、意和西班牙 4 国合作)设计的双发、三角翼、鸭

图 5 - 28　俄罗斯苏- 35 战斗机

图 5 - 29　法国“阵风”战斗机

式布局、高机动性的多用途战斗机，如图 5 - 30 所示。该机于 1994 年首飞，于 2002 年开始交付使用。“台风”战斗机虽未采用矢量推力技术，但凭借优异的气动设计和先进的飞控系统，再加上强劲的动力，其获得了不亚于美俄最先进战斗机的超机动性能。“台风”战斗机最大的缺点是缺少隐身性能和相控阵雷达，昂贵的价格仅次于 F - 22。随着性能较强的 F - 35、苏- 35 以及性价比很高的“鹰狮”的出现，该机的优势逐渐不再凸显。

图 5 - 30　欧洲“台风”战斗机

瑞典的 JAS - 39“鹰狮”战斗机(如图 5 - 31 所示)是一种战斗、攻击、侦察兼具的多功能战斗机，着重强调飞机的“变用途”能力和飞机的空中优势能力，用以取代 Saab - 37 战斗机。该机首飞于 1988 年,之后向全世界推销,成为当今世界最具关注度、最畅销的战斗机之一。由于与中国、巴基斯坦共同研制的 FC-1“枭龙”战斗机定位相同,所以该机也是 FC-1 战斗机在国际上最大的竞争对手。

图 5-31　瑞典 JAS-39“鹰狮”战斗机

5.2.2　第四代战斗机

第四代战斗机是 21 世纪开始服役或目前还在研制中的新一代战斗机,第四代战斗机的代表机型有美国的 F-22 和 F-35、俄罗斯的苏-57 以及中国的歼-20。

作为第四代战斗机的典型代表,F-22“猛禽”以 F-15、F-16 和 F-117 为基础,综合使用了隐身、航电、材料、发动机和气动设计方面的最新技术成果,是一种全面、先进的战术战斗机。F-22 是一种单座、双发、双垂尾、高隐身性的第四代超声速战斗机,如图 5-32 所示,于 1997 年 9 月 7 日首飞,2005 年投入现役。

图 5-32　美国 F-22 战斗机

作为世界上第一款投入服役的第四代战斗机,F-22 一经问世就受到了世界广泛的关注,F-22 也成为第四代战斗机的衡量标准。第四代战斗机的主要特征是:新型推力矢量航空发动机的使用以及低可探测性技术的全面运用,并具备高机动性、先进航电系统、高度集成计算机网络,具备优异的战场状况感知能力以及信息融合能力。归纳起来,第四代战斗机具备隐身能力、超声速巡航能力、超机动能力、超级信息优势等先进的战术技术性能。

F-35“闪电Ⅱ”是一款单座、单发、多用途战斗机/联合攻击机,于 2006 年 12 月 15 日首飞，是世界上最大的单座、单发舰载战斗机和世界上唯一一种已服役的舰载第四代战斗机。F－35具备较好的隐身性能、先进的电子系统以及一定的超声速巡航能力，主要用于抽行前线支援、目标轰炸、防空截击等多种任务，并由此发展出3种主要的衍生版本，包括采用传统跑道起降的F－35A空军型、短距起降/垂直起降的F－35B海军陆战队型以及作为航母舰载机的F－35C海军型。F－35A于2006年首飞，作为一种空对地攻击战斗机，美国空军拟用F－35A完全替代F－16和A－10。F－35B在F－35A的基础上加装了升力风扇，并在前机背上开有进气口，如图5－33所示，使其真正具备了短距起飞、垂直降落的功能。F－35B于2008年首飞，将用来取代F/A－18C/D和AV－8B。F－35C于2013年首飞，将与F/A－18E/F联合作战。

图5－33　美国F－35B舰载战斗机

俄罗斯的苏－57是一种单座、双发、隐身、多功能重型战斗机，是俄罗斯第五代战斗机(西方国家的第四代)，如图5－34所示。1998年，俄罗斯空军提出了第五代战斗机的战术技术要求，以取代当时的米格－29和苏－27战斗机，当时的发展计划衍生出了苏－47"金雕"前掠翼战斗机和米格1.44战斗机两种型号。2002年，俄罗斯空军委托苏霍伊设计局主导"PAK FA"计划的发展，苏霍伊设计局便融合了苏－47和米格1.44战斗机的技术，制造出了T－50战斗机。T－50于2010年1月29日首飞，并于2017年8月11日被正式命名为苏－57。苏－57战斗机具备隐身性能好、起降距离短、超机动性、超声速巡航等特点。2021年1月29日俄罗斯国防部正式接收俄首架量产苏－57战斗机。

图5－34　俄罗斯苏－57战斗机

5.3　现代战略轰炸机

战略轰炸机是指用来执行战略任务的远程轰炸机。战略轰炸机是战略核力量的重要组成部分，其最重要的任务是和陆基洲际弹道导弹、战略核潜艇共同组成三位一体的核打击能力。它既能带核弹，也能带常规炸弹；既可以近距离投放核炸弹；又可远距离发射巡航导弹；可作战略进攻武器使用，在必要时也执行战术轰炸任务，支援陆、海军作战。世界上能制造战略轰炸机的国家只有美国、俄罗斯和中国，装备战略轰炸机的也只有美国、俄罗斯、中国和印度。世界各国现役的战略轰炸机主要有美国的 B-52H“同温层堡垒”、B-1B“枪骑兵”、B-2“幽灵”，俄罗斯的图-95MSM“熊”、图-22M3M“逆火”、图-160M2“白天鹅”、“海盗旗”，中国的轰-6K“战神”以及印度的图-142M3(苏联图-95 轰炸机的海军衍生型号)。

5.3.1　美国现役轰炸机

B-52“同温层堡垒”轰炸机虽然早在 20 世纪 50 年代就已经开始服役，但如今美军中依然有 76 架现役 B-52H 轰炸机。它们预计将服役至 2050 年，服役时长将达到惊人的 100 年，可以说是美国战略轰炸机的“常青树”。B-52H 乘员 5 人，长度 48.5 m，翼展 56.4 m，高度 12.4 m，机翼面积 370 m^2，空重 83 t，最大起飞重量 220 t。发动机为 8 台普惠 TF33-P-3/103 型涡扇发动机，推力 76 kN，载油量 181 610 L。B-52H 拥有强大的武器挂载能力，如图 5-35 所示，有内置弹仓，可以携带核武器。

图 5-35　美国 B-52H 轰炸机

B-1“枪骑兵”(如图 5-36 所示)是介于 B-52“同温层堡垒”重型轰炸机和 B-2“幽灵”隐身战略轰炸机之间的过渡机型。B-1B 是其主要改型，该机可超声速飞行，载弹量惊人，机动能力出色，具有突出的低空突防能力。B-1B 共有乘员 4 人，长度 44.5 m，翼展 41.8 m(全展开)，高度 10.4 m，机翼面积 181.2 m^2，空重 87 t，最大起飞重量 216 t。目前，美国空军一共装备了 62 架 B-1B。B-1B 预计将服役到 2030 年。

B-2“幽灵”是由诺斯洛普和波音公司、联合麻省理工学院为美国空军研制的执行战略核/常规打击任务的低可探测性飞翼式轰炸机，如图 5-37 所示。B-2 可以说是世界上最先进的战略轰炸机，其长度 21.0 m，翼展 52.4 m，高度 5.18 m，翼面积 478 m^2，空重 71.7 t，正常起飞重量 152 t，最大起飞重量 170 t。B-2 装有 4 台通用电气公司 F118-GE-100 涡轮风扇发动机，最大燃油量 75 750 kg。最大速度 0.95*Ma*，有效载荷 23 000 kg，实用升限 15 200 m，最大航程 11 100 km。B-2 轰炸机第一次投入实战是在塞尔维亚的科索沃战争，这是投入服役 10 年后的第一次出战，并造成了轰动一时的“五八事件”。

图 5-36　美国 B-1B 轰炸机

图 5-37　美国 B-2 隐身轰炸机

不忘历史:“五八事件”

北京时间 1999 年 5 月 8 日,首次投入实战的 B-2 轰炸机使用三枚精确制导炸弹直接击中了中国驻贝尔格莱德大使馆,当场炸死三名中国记者,炸伤数十人,造成大使馆建筑的严重损毁。中方认为这是一次蓄意的轰炸,可能是对中国此前反对北约轰炸南联盟的报复,因此向美国提出强烈抗议。北约解释这是误炸,原因是使用了一份美国中央情报局过时的地图,而且中国大使馆距离北约轰炸的真正目标南斯拉夫军事总指挥部仅仅 180 m,且两个建筑物的大小形状都十分相似。这次炸馆事件以及之后事件的发展使得原本由于中美两国元首互访而正处于上升阶段的两国关系骤然恶化。到了 1999 年底,双方关系才逐渐恢复。

5.3.2　俄罗斯现役轰炸机

图-95“熊”是苏联/俄罗斯一种远程战略轰炸机。该机采用后掠机翼,翼上装 4 台涡桨发动机,每台发动机驱动两个大直径反转四叶螺旋桨,机身细长,翼展和展弦比都很大,平尾和垂尾都有较大的后掠角，如图 5－38 所示。图－95 轰炸机由苏联图波列夫设计局于 1951 年开始研制，1954 年首飞，1956 年开始交付使用老式螺旋桨轰炸机，除用作战略轰炸机之外，还可以执行电子侦察、照相侦察、海上巡逻反潜和通信中继等任务。20 世纪 80 年代中期，该机又进行了大改并恢复生产。苏联解体后，乌克兰曾接收约 70 架原属苏联空军的图－95 系列飞机，但现已全部销毁。而俄罗斯空军接收的图－95 系列飞机有 55 架仍在服役，预计将持续服役至 2040 年。

图 5－38　苏联/俄罗斯图－95 轰炸机

俄罗斯对于轰炸机的研发一向比较重视，但是受限于资金，在研发方面并不顺利，因此俄罗斯主要是通过改造老飞机的方式来提升轰炸机的能力，进而提升空军的作战能力。经过现代化改装的图－95MS 和原版的飞机相比在于提高了导航的精准度，延长了设备的使用寿命，综合性能得到了较大提高。图－95MS 机长 49.50 m，机高 12.12 m，翼展 51.10 m，机翼面积 297.0 m^2，机身重量 100 t，最大起飞重量 190 t，内部载油量 87 t，发动机为 4 台 NK－12ML，外挂载荷 11 t，武器载荷 20.8 t，最大平飞速度 0.66*Ma*，实用升限 12 000 m，作战半径 6 400 km。

图－22M“逆火”是苏联/俄罗斯一种双发、变后掠翼、超声速、远程战略轰炸机，如图 5－39 所示。从名称上看图－22M 是图－22“眼罩”的改良型，但实际上它是一架全新设计的超声速战略轰炸机。图－22M“逆火”于 1972 年首飞，自 1969 年以来总共生产了约 500 架，苏联解体后

图 5－39　苏联/俄罗斯图－22M 轰炸机

由于其维修复杂，加上俄罗斯经济困难，于1993年停产，现仍有约114架在俄罗斯服役。“逆火”乘员4人，长度42.46 m，翼展34.28 m(全展开，全后掠为23.30 m)，高度11.05～11.08 m，机翼面积183.6 m^2，空重58 000 kg，最大起飞重量124 000～126 000 kg，动力装置2台NK-25加力涡扇发动机，燃油重量54 t，最大飞行速度1.88～2.3*Ma*，实用升限13 300～18 000 m，航程实用6 800～7 000 km，最大12 000 km，作战半径2 410 km以上。冷战期间图-22“眼罩”和图-22M“逆火”绝对是恐怖的代名词，曾经给各国以巨大的压力。图-22M“逆火”是一款相当成功的超声速战略轰炸机，目前和图-95、图-160一起构成俄罗斯战略空军“三剑客”，未来作为俄罗斯战略空军的重要倚仗之一还将继续升级改装服役到老。

图-160“海盗旗”是苏联/俄罗斯一种超声速、变后掠翼、远程战略轰炸机，最显著的特点是采用翼身融合体设计，机翼为变后掠翼，如图5-40所示，由苏联图波列夫设计局研制，1987年5月开始服役，其优雅的外形和俄罗斯空军的白色涂装使其被赋予“白天鹅”的称号。图-160“白天鹅”轰炸机到1994年停产时，总共制造了25架，其中俄罗斯6架，乌克兰19架，后乌克兰从1999年底开始将8架图-160交给俄罗斯，用于抵偿欠俄罗斯的外债。虽然图-160的生产线因苏联解体被留在了乌克兰境内，但俄罗斯仍然凭借自身的力量生产且首飞成功了在图-160基础上改进提升的图-160M战略轰炸机，第一架已在2000年5月服役。图-160/M轰炸机是世界上最大的可变后掠翼超声速战略轰炸机，同时也装备着世界上推力最强劲的军用航空发动机，一次加油续航里程可达12 000 km，可发射搭载核武器的远程巡航导弹，能搭载多达45 t各型弹药，旨在替换图-22M轰炸机，并与美国空军的B-1轰炸机相抗衡。后起之秀的图-160轰炸机速度比美国B-1轰炸机快80%，比B-1轰炸机大将近35%，航程比B-1轰炸机多出将近45%。图-160M战略轰炸机，是螺旋桨的图-95MS“熊”和图-22M“逆火”轰炸机无法比拟的空中大杀器，战时将发挥出常规打击和核打击的双重作用，成为俄罗斯远程航空兵战略打击的一柄利刃。

图5-40 苏联/俄罗斯图-160轰炸机

5.3.3 印度现役轰炸机

印度现役的轰炸机是在1986年苏联向印度出售的8架图-142M3反潜机，目前还剩4架改进型在印度海军服役，如图5-41所示。图-142海上反潜巡逻机是苏联图-95轰炸机在冷战时期服役于海军的衍生型号，是由苏联图波列夫设计局在图-95P轰炸机的基础上设计制造的。图-142 于 1968 年 6 月首飞成功，1970 年 5 月正式进入苏联海军航空兵服役。此后，为提高对低噪声潜艇的探测能力，强化电子对抗和通信导航性能，改进型图-142M3 反潜巡逻机于 1993 年列装俄罗斯海军航空兵，并迅速成为俄海军岸基反潜的中坚力量。图-142M3 机长 49.50 m，机高 12.12 m，翼展 51.10 m，最大速度 815 km/h，经济巡航速度 711 km/h，实用升限 12 000 m，武器载重 11 340 kg，作战半径 6 400 km。印度购买的图-142M3 虽然是反潜机，但其基础还是图-95 轰炸机，完全可以执行战略轰炸任务，堪称印度最强大的武器之一。

图 5-41 在印度服役的图-142M3 轰炸机

5.4 现代大型军用运输机

在以信息化为主导的现代战争中，由于战争的突发性强、强度高、节奏快、物资消耗巨大，从而对作战部队的快速反应、机动作战能力和持续作战能力等提出了新的、更高的要求。一个国家空中输送能力的强弱，在某种程度上已成为决定战争胜负的重要因素之一。

军用运输机是指用于空运兵员、装备、物资并能空投空降的飞机。军用运输机按运输能力分为战略运输机和战术运输机。战略运输机航程远、载重量大，主要用来载运部队和各种重型装备，实施全球快速机动。战术运输机用于战役战术范围内执行空运任务。

大型军用运输机具有快速运送大量兵员、武器装备和其他军用物资到作战前线的能力，确保部队战略机动、战术投送的规模化、快捷性和突然性，在近年来多次现代战争中发挥了至关重要的作用。由于大型军用运输机用途广泛，因此还可用作特种任务飞机等支援机型的改装基础平台，如空中预警机、空中加油机、电子干扰机、海上巡逻机等。

目前，世界各国现役的大型军用运输机主要有美国的 C-130J“超级大力神”、C-5M“超级银河”、C-17“环球霸王Ⅲ”，俄罗斯的安-22、伊尔-76、安-124，中国的运-8、运-9、运-20，欧洲的 C-160、A-400M，日本的 C-1、C-2，以及巴西的 KC-390 等。

5.4.1 美国现役军用运输机

在世界军用运输机发展历史上，洛克希德·马丁公司研制生产的 C-130“大力神”家族是著名的“常青树”。C-130“大力神”是 20 世纪 50 年代研制的四发涡桨多用途战术运输机，是世界上设计最成功、使用时间最长、服役国家最多的运输机之一。该机从 1954 年 8 月 23 日首飞至今已服役近 70 年，有 70 余个国家或地区使用，总生产数量逾 2 300 架，各种任务改型近 40 种。C-130 运输机翼展 40.4 m，机长 29.8 m，机高 11.6 m；最大起飞重量 70.3 t，最大载重 22 t，最大飞行速度 592 km/h，最大航程 3 800 km。C-130 可在前线简易机场跑道上起降，向战场运送或空投军事人员和装备，返航时可用于撤退伤员。C-130J“超级大力神”（如图 5-42 所示）是 C-130“大力神”的最新生产版本，于 1996 年首飞，自 1998 年开始交付，目前已向至少 17 个国家交付了 500 架各型 C-130J 运输机。“超级大力神”最大的客户是美国空军、美国海军陆战队、澳大利亚、加拿大、印度、意大利和英国。

图 5-42　美国 C-130J“超级大力神”军用运输机

C-5“银河”运输机是美国洛克希德公司生产的大型战略军用运输机，也是美国空军现役最大的战略运输机。C-5 运输机翼展 67.88 m，机长 75.54 m，机高 19.85 m；最大飞行速度 919 km/h，最大航程 5 526 km。C-5 共有 C-5A、C-5B、C-5C 和 C-5M 四种型号。其中，C-5A 是最早的 C-5，在 1969—1973 年间共有 81 架在美国空军服役；C-5B 是 C-5A 改良版，1986—1989 年间共有 50 架服役；如今 C-5A 和 C-5B 约 125 架仍在服役。C-5C 为大型货物运输的临时修改版。C-5M“超级银河”（如图 5-43 所示）是最新的升级版，速度更快，航程更远，可携带更多的有效载荷，美国共订购了 52 架 C-5M 飞机。“超级银河”的内部空间非常宽敞，具有滚装/滚落能力，货物可以在飞机两端进入。C-5M 的最大起飞重量 379 t，最大有效载荷能力为 130 t；可以携带两辆 M1A2 艾布拉姆斯主战坦克，或 7～10 辆 8×8 装甲车，或 16 辆悍马。

图 5-43　美国 C-5M“超级银河”军用运输机

C-17“环球霸王Ⅲ”（如图 5-44 所示）是美国空军一种大型战略战术运输机，融合战略和战术空运能力于一身，是当今世界上唯一可以同时适应战略、战术任务的运输机。“环球霸王Ⅲ”的研制工作始于 20 世纪 80 年代，于 1991 年首飞，1995 年达到初始作战能力，用于取代洛克希德公司的 C-141“运输星”。“环球霸王Ⅲ”共生产了 250 架，被美国空军和世界上其他一些国家使用。C-17 可以在以前不允许喷气式运输机使用的机场进行常规操作。如有需要，它可以在未铺设的、未经改进的跑道上起降。C－17 运输机翼展 51.81 m，机长 53.04 m，机高 16.79 m；最大起飞重量 285 t，最大载重 77 t，最大飞行速度 830 km/h，最大航程 11 600 km；可携带 M1A2 艾布拉姆斯坦克，或 3 辆 8×8 装甲车，或 3 架 AH－64"阿帕奇"直升机，或重量达 49.8 t 的可空投平台，也可携带托盘货物和车辆。

图 5－44　美国 C－17"环球霸王Ⅲ"军用运输机

5.4.2　俄罗斯现役军用运输机

安－22 是苏联/俄罗斯研制的一种远程重型军用运输机，也是世界上最大的涡轮螺旋桨飞机，如图 5－45 所示。在 1965 年首飞时，它还是当时世界上最大的飞机。安－22 运输机主要用于运送部队和大尺寸、大重量的军事装备，可在边远地区的简易机场起降。安－22 于 1967 年末开始交付使用，1974 年停产，共生产 85 架，其中空军 50 架，民航 35 架。安－22 曾创造了多个飞行世界纪录，1967 年 10 月 26 日，该机创造了 14 项有效载重-高度飞行纪录。目前依然有 6 架安－22 在俄罗斯空军服役。安－22 运输机翼展 64.4 m，机长 57.92 m，机高 12.53 m；最大起飞重量 250 t，最大载重 80 t，最大飞行速度 740 km/h，最大航程 11 000 km。

图 5－45　俄罗斯安－22 军用运输机

伊尔－76 是苏联/俄罗斯第一种四喷气式发动机的重型运输机，如图 5－46 所示，于 1974 年开始生产，共生产了 800 多架。伊尔－76 被用于在最极端的作战条件下将战略军事物资空运到前线空军基地。伊尔－76 的最大有效载荷能力为 50 t，用于将重型车辆和机械运送到偏远的、服务差的机场，可以在短而未铺设的跑道上起降，还可以应付西伯利亚和北极地区最恶劣的天气条件。伊尔-76运输机翼展50.5 m，机长46.6 m，机高14.76 m；最大起飞重量210 t，最大载重60 t，最大飞行速度800 km/h，最大航程5 650 km。伊尔-76运输机是世界上最为成功的一款重型运输机，至今已有超过38个国家使用过或正在使用伊尔-76，其中，苏联/俄罗斯是最大的军用版使用国，乌克兰和白俄罗斯是最大的民用版使用国。

图5-46 俄罗斯伊尔-76军用运输机

安-124运输机(如图5-47所示)是世界上最大的生产型军用飞机(只有未能进入量产的安-225比它更大)。该机在1982年实现首飞，并进入苏联空军服役。安-124运输机于1986年首次交付使用，于1987年投入批生产，截至1995年4月已制造51架，年生产率5架。目前，有40多架安-124正在服役。安-124凭借其卓越的性能创造了20多项世界飞行纪录。安-124运输机翼展73.3 m，机长69.1 m，机高20.78 m；最大飞行速度865 km/h，最大航程4 500 km；最大起飞重量405 t，最大载重150 t(是C-17的2倍、C-5的1.25倍、安-22的1.875倍)，其货舱几乎可以装载任何货物，包括几乎所有俄罗斯的装甲战车、直升机和其他超大货物。

图5-47 俄罗斯安-124军用运输机

世界之最：世界上最大的运输机“安-225”

安-225(如图5-48所示)是苏联安东诺夫设计局研制的超大型军用运输机。安-225运输机最大起飞重量640 t，货舱最大载重250 t，机身顶部最大载重200 t；机身长度84 m，翼展88.4 m；最大飞行速度850 km/h，最大航程15 400 km。自诞生之时，安-225运输机就在载重量和起飞重量等方面不断自我刷新并创造新世界纪录，前后总计有 250 项，其中多项世界纪录一直以来未被打破。安-225 运输机共生产两架，但仅有一号机完工并投入使用，另一架二号机未完工，两架均归乌克兰所有。遗憾的是，2022 年 3 月 4 日，由于战火的原因，一号机被损毁于乌克兰戈斯托梅利机场。

图 5-48　乌克兰安-225 军用运输机

5.4.3　其余各国现役军用运输机

欧洲现役的军用运输机主要是 C-160 和 A400M。C-160 运输机（如图 5-49 所示）是法国航宇公司、原德国 MBB 公司和联合航空技术-福克公司（现并入德国航宇公司）于 1959 年初开始研制的军用运输机，该机于 1963 年 2 月首飞。第一批生产型 C-160 于 1972 年之前制造完毕，共 169 架。为法国研制的 C-160NG 于 1981 年 4 月试飞，到 1985 年之前共制造 29 架。C-160 运输机可容纳 93 名乘客，或 68 名全副武装的士兵，或 62 副担架床位。最大货舱载重量 16 t，最大空投重量达 8 t，能够完成 3～10 m 高度的贴地空投任务，并可以在经过简单修整过的跑道上起降。如今，多个国家拟使用 A400M 运输机替换 C-130 和 C-160 运输机，不过 C-160 仍将在较长的一段时间内担负各种重要任务。

图 5-49　欧洲 C-160 军用运输机

A400M 是欧盟研发的新一代军用运输机（如图 5-50 所示），最早于 1993 年开始研发，2009 年首飞，2013 年服役。A400M 运输机设计先进，大量使用了复合材料。A400M 翼展

42.4 m,机长 43.8 m,机高 14.6 m;使用 4 台 TP400－D6 涡轮螺旋桨发动机,也是欧盟目前功率最大的涡轮螺旋桨发动机,最大起飞重量 141 t,最大载重 37 t,最大飞行速度 560 km/h,最大航程 9 300 km。

图 5－50　欧洲 A400M 军用运输机

C－1 运输机是日本川崎重工研制的双发中型战术运输机(如图 5－51 所示),用于取代日本航空自卫队的 C－46 运输机,总产量 31 架,可以运输榴弹炮、吉普车等轻型装备。C－1 运输机开发于 1967 年,其设计要求是具有在日本列岛内不中途加油飞到全国各地的续航能力,具有全天候性能、空投、空降和短距起降能力等。C－1 运输机翼展 30.6 m,机长 29 m,机高 9.99 m;使用两台普惠的 JT8D－9 发动机,最大起飞重量 45 t,最大载重 8 t,最大飞行速度 806 km/h,最大航程 3 350 km。C－1 最大的缺点就是航程短,航程只相当于同时代同类机型的一半左右,是世界上中型运输机里航程最短的。

图 5－51　日本 C－1 运输机

C－2 运输机是日本最新研制的大型运输机(如图 5－52 所示),也是由川崎重工研发。C－2 于 2008 年开始研发,于 2016 年 6 月 30 日入列日本自卫队。C－2 运输机是为了接替于 20 世纪 70 年代启用的 C－1 型运输机。新一代运输机在设计上谋求实现大型化,该机翼展 44.4 m,机长 43.9 m,机高 14.2 m;最大起飞重量 140 t,是中国的运－20 没有服役前亚洲自行研制的最大的运输机,最大载重 30 t,大约是 C－1 的 4 倍,最大飞行速度 980 km/h,最大航程达 10 000 km。

KC－390 运输机是巴西航空工业公司研发的中型双发军用运输机,采用上单翼气动布

图 5－52　日本 C－2 运输机

局、双涡扇发动机，如图 5－53 所示。KC－390 运输机翼展 35.06 m，机长 33.91 m，机高 10.26 m；最大起飞重量 81 t，最大载重 23 t，最大飞行速度 850 km/h，最大航程 4 800 km。KC－390 是一种新一代多任务飞机，能够运输和投送货物和部队，并执行广泛的任务，也可作为空中加油机与受油机，总体来看性能优异。

图 5－53　巴西 KC－390 军用运输机

附录　国外军用飞机图鉴

1. 早期的飞机

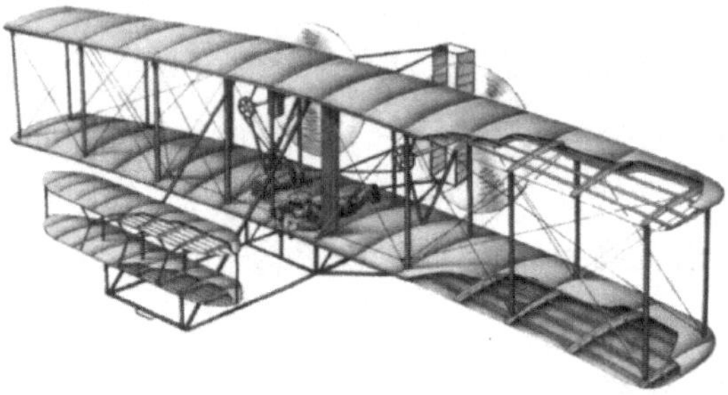

“飞行者”1号飞机

“14比斯”盒式双翼机

冯如设计制造的飞机

布莱里奥Ⅺ型飞机

亨利·法布尔发明的世界上第一架水上飞机

装有 4 台发动机的大型飞机——“伊利亚·穆罗梅茨”重型轰炸机

“鸽”式飞机

2. 一战时期的军用飞机

战斗机

德国福克 EⅠ飞机

德国福克 EⅢ飞机

英国 BE－2 型战斗机

德国信天翁 D. Ⅲ战斗机

英国 SE－5 型飞机

法国斯帕德 S－Ⅶ型飞机

德国福克 Dr－1 三翼战斗机“红男爵”

德国福克 D－Ⅶ战斗机

英国索普维斯“幼犬”飞机

英国索普维斯 F－1“骆驼”战斗机

法国斯帕德 S－Ⅶ型战斗机

法国斯帕德 S－ⅩⅢ型战斗机

轰炸机

德国哥达式战略轰炸机

俄国伊利亚·穆罗梅茨重型轰炸机

英国汉德利·佩季 O/100 重型轰炸机

英国汉德利·佩季 O/400 重型轰炸机

意大利卡普罗尼 Ca3 轰炸机

攻击机和水上飞机

德国容克 J－1 攻击机

英国肖特 184 型水上飞机

3. 二战时期的军用飞机

侦察机

德国 Fw－189 战术侦察机

战斗机

英国“喷火”战斗机

英国“飓风”战斗机

德国 Bf－109 战斗机

德国 Fw－190 战斗机

苏联米格－1 战斗机

苏联米格－3 战斗机

苏联雅克－1 战斗机

苏联雅克－3 战斗机

苏联雅克－7 战斗机

苏联雅克－9 战斗机

苏联拉-5 战斗机

苏联拉-7 战斗机

美国寇蒂斯 P-36“鹰”战斗机

美国寇蒂斯 P-40“战斧”战斗机

美国 P-38“闪电”战斗机

美国 P-39“空中飞蛇”战斗机

美国 P-47“雷电”战斗机

美国 P-51 “野马”战斗机

日本川崎 Ki - 61“飞燕”战斗机

日本中岛 Ki - 84“疾风”战斗机

英国格洛斯特“角斗士”双翼战斗机

英国“英俊战士”夜间战斗机

美国 A - 20“浩劫”重型攻击机

美国 P - 61“黑寡妇”夜间战斗机

德国 Bf - 110 重型战斗机

德国 Me - 210 重型战斗机

德国 He-219“猫头鹰”夜间战斗机

日本中岛 J1N“月光”夜间战斗机

轰炸机

苏联苏-2 轻型轰炸机

苏联伊-153 单座双翼轰炸机

德国 Hs-123 俯冲轰炸机

德国 Ju-87“斯图卡”俯冲轰炸机

德国道尼尔 Do-17 轰炸机

德国道尼尔 Do-217 轰炸机

德国亨克尔 He－111 中型轰炸机

德国容克 Ju－88 轰炸机

德国容克 Ju－188 轰炸机

德国容克 Ju－388 轰炸机

英国布里斯托尔“布伦海姆”轻型轰炸机

英国汉德利·佩季“汉普敦”中型轰炸机

英国威灵顿式中型轰炸机

波兰 PLZ－37“麋鹿”轰炸机

法国法尔芒 F222 轰炸机

法国利奥雷 & 奥利维尔 LeO-451 轰炸机

美国 A-20“浩劫”轻型轰炸机

法国 DB-7“波士顿”轰炸机

美国马丁 167“马里兰”轻型轰炸机

美国马丁 187“巴尔的摩”轻型轰炸机

苏联伊尔-4 中型轰炸机

苏联图-2 轻型轰炸机

英国“蚊”式轰炸机

美国 A－26C“入侵者”侦察轰炸机

美国 B－25“米切尔”中型轰炸机

美国马丁 B－26“劫掠者”中型轰炸机

德国亨克尔 He－177 轰炸机

日本三菱 Ki－30 俯冲轰炸机

日本川崎 Ki－32 俯冲轰炸机

日本 Ki-49“吞龙”中型轰炸机

日本三菱 Ki-67“飞龙”中型轰炸机

日本横须贺 P1Y“银河”轰炸机

英国“兰开斯特”轰炸机

英国“哈利法克斯”轰炸机

英国“斯特林”轰炸机

美国 B-17“空中堡垒”轰炸机

美国 B-24“解放者”轰炸机

美国 B－29“超级空中堡垒”轰炸机

攻击机

德国 Hs－129 攻击机

苏联伊尔－2 装甲攻击机

苏联 Pe－2 型轰炸机

舰载机

英国布莱克本“大鹏”舰载战斗机群

英国“萤火虫”舰载战斗机

英国"海喷火"舰载战斗机

美国布鲁斯特 F2A"水牛"战斗机

美国 F4F"野猫"舰载战斗机

美国 F6F"悍妇"舰载战斗机

日本 A5M"克劳德"舰载战斗机

日本 A6M"零式"舰载战斗机

英国"剑鱼"式鱼雷轰炸机

英国"贼鸥"式俯冲轰炸机

英国"梭鱼"式轰炸机

美国 SBD"无畏"式俯冲轰炸机

美国 TBF"复仇者"鱼雷轰炸机

日本 D3A"瓦尔"俯冲轰炸机

日本 D4Y"彗星"舰载俯冲轰炸机

日本 B5N"凯特"舰载攻击机

日本 B6N"天山"舰载鱼雷轰炸机

水上飞机

美国 OS2U“翠鸟”水上飞机

日本三菱 F1M“0”式水上观察机

日本爱知 E13A“0”式水上侦察机

德国 He－115 双浮筒式水上飞机

德国阿拉道 Ar－196 水上侦察机

英国“海象”小型水上飞机

英国肖特“桑德兰”水上飞机

美国 PBY“卡特林娜”水上飞机

美国马丁 PBM“水手”水上巡逻/轰炸机

日本川西 H8K“梅维斯”水上飞机

德国 BV－222“维京人”水上飞机

军用运输机

德国容克 Ju－52 型运输机

德国 Me－323“巨人”运输机

美国 C－47“空中列车”运输机

美国 C－46“突击队员”运输机

美国 C－54“空中霸王”战略运输机

滑翔飞行中的德国 DFS230 轻型突击滑翔机

牵引飞行中的德国哥达 Go－242 中型滑翔机

德国 Me－321 大型滑翔运输机

英国霍莎式滑翔机

美国韦科 CG－4A 滑翔机

4. 冷战时期的军用飞机

喷气式飞机

世界上第一架喷气飞机 He－178

英国 E28/39 型涡轮喷气式飞机

德国 Me－262 喷气式战斗机

英国“流星”喷气式战斗机

美国贝尔 P－59“空中彗星”战斗机

德国 Ar－234“闪电”轰炸机

苏联雅克－15 战斗机

苏联米格－9 喷气式战斗机

苏联雅克-17 战斗机

苏联雅克-23 战斗机

美国 F-80 喷气式战斗机

苏联米格-15 战斗机

美国 F-86 后掠翼战斗机

苏联米格-17 战斗机

超声速战斗机

美国 F-100 超声速战斗机

苏联米格-19 战斗机

美国 F－104 战斗机

美国 F－4 战斗机

苏联米格－21 战斗机

苏联米格－23 变后掠翼战斗机

美国 F－5 战斗机

英国“闪电”战斗机

伊朗“闪电”战斗机

法国“幻影”Ⅲ战斗机

瑞典萨博-37 战斗机

法国“幻影”F1 战斗机

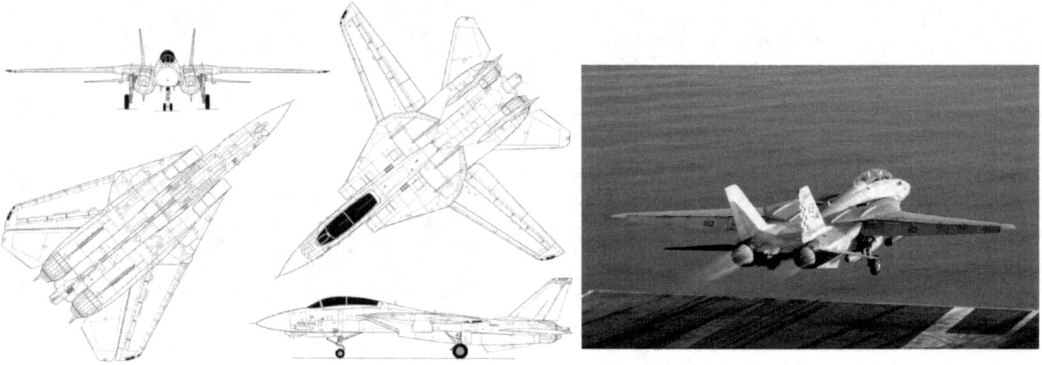

美国 F-14 变后掠翼战斗机

美国 F-15 战斗机

美国 F-16 战斗机

美国 F/A-18 舰载战斗机

苏联米格-29 战斗机

苏联苏-27 战斗机

法国“幻影”2000 战斗机

新型轰炸机

美国 B-47 轰炸机

美国 B-52 轰炸机

美国 B-52 轰炸机

苏联图-16 轰炸机

英国“勇士”轰炸机

英国“胜利者”轰炸机

英国“火神”轰炸机

美国 B-58 超声速轰炸机

苏联图-22 超声速轰炸机

美国 B-1B 变后掠翼超声速轰炸机

突破热障的飞机

美国的 SR-71“黑鸟”侦察机

苏联米格-25 战斗机

变后掠翼飞机

美国 F-111 变后掠翼战斗轰炸机

苏联米格-23 变后掠翼战斗机

垂直起降飞机

英国“鹞”式战斗机

苏联雅克-38 战斗机

隐身飞机

美国 F-117 隐身攻击机

美国 B-2 隐身轰炸机

特种飞机

美国 E-2C“鹰眼”预警机

美国 E-3“望楼”预警机

苏联 A-50 预警机

日本引进美国专利生产的岸基反潜巡逻机 P-2J

美国 P-3 反潜机

英国“猎迷”反潜机

俄罗斯现代改造后的伊尔-38 反潜机

美国 EA-3B 电子战飞机

美国 EA-6B 电子战飞机

美国 SR-71“黑鸟”高空侦察机

美国 U-2 高空侦察机

美国 KC-135 空中加油机

美国 KC-10 空中加油机

美国 KC-130 空中加油机

俄罗斯伊尔-78 空中加油机

5. 当代军用飞机

现代战斗机

俄罗斯苏-35 战斗机

俄罗斯苏-37 战斗机

法国“阵风”战斗机

欧洲“台风”战斗机

瑞典 JAS-39“鹰狮”战斗机

俄罗斯苏-47“金雕”前掠翼战斗机

美国 F-22 战斗机

美国 F-35B 舰载战斗机

俄罗斯苏-57 战斗机

现代战略轰炸机

美国 B-52H 轰炸机

美国 B-1B 轰炸机

美国 B-2 隐身轰炸机

苏联/俄罗斯图-95 轰炸机

苏联/俄罗斯图-22M 轰炸机

苏联/俄罗斯图-160 轰炸机

在印度服役的图-142M3 轰炸机

现代大型军用运输机

美国 C－130J“超级大力神”军用运输机

美国 C－5M“超级银河”军用运输机

美国 C－17“环球霸王Ⅲ”军用运输机

俄罗斯的安－22 军用运输机

俄罗斯的伊尔－76 军用运输机

俄罗斯安－124 军用运输机

乌克兰安-225 军用运输机

欧洲 C-160 军用运输机

欧洲 A400M 军用运输机

日本 C-1 运输机

日本 C-2 运输机

巴西 KC-390 军用运输机

参考文献

[1] 马高山.航空概论[M].2 版.北京:北京航空航天大学出版社,2022.

[2] 栾恩杰.航空[M].北京:宇航出版社,1999.

[3] 顾诵芬,史超礼.世界航空发展史[M].郑州:河南科学技术出版社,1998.

[4] 史超礼.航空概论[M].北京:国防工业出版社,1978.

[5]《新航空概论》编写组.新航空概论[M].北京:航空工业出版社,2010.

[6] 贾玉红.航空航天技术概论[M].4 版.北京:北京航空航天大学出版社,2017.

[7] 刘大响,陈光.航空发动机——飞机的心脏[M].北京:航空工业出版社,2003.

[8](英)韦斯特维尔.一战战史[M].鸿雁,译.长春:吉林文史出版社,2017.

[9](英)萨默维尔.二战战史[M].文娟,译.长春:吉林文史出版社,2017.

[10] 罗尔斯·罗伊斯公司.喷气发动机[M].刘树声等,译.北京:国防工业出版社,1975.